中国科协创新战略研究院智库成果系列丛

科技创新中心的建设路径
——基于北京的探索和实践

董 阳 张 丽 贺茂斌 等 著

中国科学技术出版社
·北 京·

图书在版编目（CIP）数据

科技创新中心的建设路径：基于北京的探索和实践 /
董阳等著 . -- 北京：中国科学技术出版社，2023.1

（中国科协创新战略研究院智库成果系列丛书 . 专著系列）

ISBN 978-7-5046-9355-6

I.①科… Ⅱ.①董… Ⅲ.①科技中心 – 建设 – 研究 –
北京 Ⅳ.① G322.71

中国版本图书馆 CIP 数据核字（2021）第 246230 号

董　阳　张　丽　贺茂斌　苏丽荣　王　萌　孙莹璐　徐　丹　著

策划编辑	王晓义
责任编辑	王　颖
装帧设计	中文天地
责任校对	焦　宁
责任印制	徐　飞

出　　版	中国科学技术出版社
发　　行	中国科学技术出版社有限公司发行部
地　　址	北京市海淀区中关村南大街 16 号
邮　　编	100081
发行电话	010-62173865
传　　真	010-62173081
网　　址	http://www.cspbooks.com.cn

开　　本	710mm×1000mm　1/16
字　　数	175 千字
印　　张	11.25
版　　次	2023 年 1 月第 1 版
印　　次	2023 年 1 月第 1 次印刷
印　　刷	北京中科印刷有限公司
书　　号	ISBN 978-7-5046-9355-6 / G·993
定　　价	79.00 元

中国科协创新战略研究院智库成果
系列丛书编委会

总　　序

2013 年 4 月，习近平总书记首次提出建设"中国特色新型智库"的指示。2015 年 1 月，中共中央办公厅、国务院办公厅印发了《关于加强中国特色新型智库建设的意见》，成为中国智库的第一份发展纲领。党的十九大报告更加明确指出要"加强中国特色新型智库建设"，进一步为新时代我国决策咨询工作指明了方向和目标。当今世界正面临百年未有之大变局，我国正处于并将长期处于复杂、激烈和深度的国际竞争环境之中，这都对建设国家高端智库并提供高质量咨询报告，支撑党和国家科学决策提出了新的更高的要求。

建设高水平科技创新智库，强化对全社会提供公共战略信息产品的能力，为党和国家科学决策提供支撑，是推进国家创新治理体系和治理能力现代化的迫切需要，也是科协组织服务国家发展的重要战略任务。中共中央办公厅、国务院办公厅印发的《关于加强中国特色新型智库建设的意见》，要求中国科学技术协会（简称"中国科协"）在国家科技战略、规划、布局、政策等方面发挥支撑作用，努力成为创新引领、国家倚重、社会信任、国际知名的高端科技智库，明确了科协组织在中国特色新型智库建设中的战略定位和发展目标，为中国科协建设高水平科技创新智库指明了发展目标和任务。

科协智库相较其他智库具有自身的特点和优势。其一，科协智库能够充分依托系统的组织优势。科协组织涵盖了全国学会、地方科学技术协会、学会及基层组织，网络体系纵横交错、覆盖面广，这是科协智库建设所特有的组织优势，有利于开展全国性的、跨领域的调查、咨询、评估工作。其二，科协智库拥有广泛的专业人才优势。中国科协业务上管理210多个全国学会，涉及理科、工科、农科、医科和交叉学科的专业性学会、协会和研究会，覆盖绝大部分自然科学、工程技术领域和部分综合交叉学科及相应领域的人才，在开展相关研究时可以快速精准地调动相关专业人才参与，有效支撑决策。其三，科协智库具有独立第三方的独特优势。作为中国科技工作者的群团组织，科协不是政府行政部门，也不受政府部门的行政制约，能够充分发挥自身联系广泛、地位超脱的特点，可以动员组织全国各行业各领域广大科技工作者，紧紧围绕党和政府中心工作，深入调查研究，不受干扰地独立开展客观评估和建言献策。

中国科协创新战略研究院是中国科协专门从事综合性政策分析、调查统计及科技咨询的研究机构，是中国科协智库建设的核心载体，始终把重大战略问题、改革发展稳定中的热点问题、关系科技工作者切身利益的问题等党和国家所关注的重大问题作为选题的主要方向，重点聚焦科技人才、科技创新、科学文化等领域开展相关研究，切实推出了一系列特色鲜明、国内一流的智库成果，完成《国家中长期科学和技术发展规划纲要（2006—2020年）》评估，开展"双创"和"全创改"政策研究，服务中国科协"科创中国"行动，有力支撑科技强国建设；实施老科学家学术成长资料采集工程，深刻剖析科学文化，研判我国学术环境发展状况，有效引导科技界形成良好生态；调查反映科技工作者状况诉求，摸清我国科技人才分布结构，探索科技人才成长规律，为促进人才发展政策的制定提供依据。

为了提升中国科协创新战略研究院智库研究的决策影响力、学术影响力、社会影响力，经学术委员会推荐，我们每年遴选一部分优秀成果出版，以期对党和国家决策及社会舆论、学术研究产生积极影响。

呈现在读者面前的这套《中国科协创新战略研究院智库成果系列丛

书》，是中国科协创新战略研究院近年来充分发挥人才智力和科研网络优势所形成的有影响力的系列研究成果，也是中国科协高水平科技创新智库建设所推出的重要品牌之一，既包括对决策咨询的理论性构建、对典型案例的实证性分析，也包括对决策咨询的方法性探索；既包括对国际大势的研判、对国家政策布局的分析，也包括对科协系统自身的思考，涵盖创新创业、科技人才、科技社团、科学文化、调查统计等多个维度，充分体现了中国科协创新战略研究院在支撑党和政府科学决策过程中的努力和成绩。

衷心希望本系列丛书能够对科协组织更好地发挥党和政府与广大科技工作者的桥梁纽带作用，真正实现为科技工作者服务、为创新驱动发展服务、为提高全民科学素质服务、为党和政府科学决策服务，有所启示。

目　录
CONTENTS

第一章

全球科技创新中心的理论与经验

第一节　全球科技创新中心的理论缘起

一、区域创新

创新是以现有的思维模式提出的有别于常规思路的见解为导向，利用现有的知识和物质，在特定的环境中，本着理想化需要或为满足社会需求，而改进或创造新的事物、方法、元素、路径、环境，并能获得一定有益效果的行为。区域创新是指一个区域对创新的实践。区域创新体系由主体要素（包括区域内的大学、企业、科研机构、中介服务机构和地方政府）、功能要素（包括区域内的技术创新、制度创新、管理创新和服务创新）、环境要素（包括机制、体制、政府或法制调控、基础设施建设和保障条件等）三个部分构成，具有输出技术知识、物质产品和效益的三种功能。

区域创新系统是由技术创新和应用技术开发产生的子系统共同作用、相互连接的网状结构。政府部门根据区域创新系统的特点制定相关政策，使政策在这一网状结构中充当润滑剂，保证区域创新系统稳定并高效运行。[1][2][3] 美国硅

---

[1]　Autio E.Evaluation of RTD in regional systems of innovation [J]. European Planning Studies，1998，6（2）：131-140.

[2]　Cooke P. Regional innovation systems: general findings and some new evidence from biotechnology clusters [J]. The Journal of Technology Transfer，2002，27（1）：133-145.

[3]　Todtling F, Trippl, M. Like phoenix from the ashes? The renewal of clusters in old industrial areas [J]. Urban Studies，2004，41（5/6）：1175-1195.

谷等的崛起使人们认识到区域在创新体系中扮演着不可或缺的角色。此外，产业集聚也是区域创新理论的一个重要源泉。[①] 区域创新系统是一个区域内有特色的、与地区资源相关联的、推进创新的制度组织网络，目的是使区域内新技术或新知识得以产生、流动、更新和转化。建立健全区域创新系统可以有效整合区域资源，加快知识流动速度，提高人力资本效率，充分发挥知识的外溢性，发挥人的创造能力，使区域各行为主体和生产要素成为一个有机整体，有效提高区域创新能力。

二、全球科技创新中心

2001 年，联合国开发计划署公布了全球 46 个技术创新中心名单，其中有国际大都市，也有新兴城市。从这些城市的创新活动来看，每个城市都有鲜明的特征。日本的东京都、美国的纽约市等不仅拥有大量的创新资源，各类大学、科研机构、大型跨国企业总部或区域性总部云集，而且也有较完善的科技创新服务体系和创新网络。这些城市具有较强的知识创造、技术创新及新技术产业化能力，对全球科技创新产生较大的影响。美国的硅谷、中国台湾的新竹市、印度的班加罗尔市等均为 20 世纪 70 年代以后随着全球信息技术的迅速发展而崛起的区域或城市，这些区域或城市通过"引进"创新资源，在信息技术和高新技术等领域表现出较强的技术创新和新技术产业化能力，并在全球产生了较大的影响。德国的巴伐利亚市和美国的芝加哥市等老工业城市，在 20 世纪 70 年代以后的转型发展过程中，通过市场机制和管理创新，将城市自身拥有的工业基础条件与各种创新资源结合，完成了工业生产基地型城市向全球科技创新型城市的转型，再度彰显了创新的活力。这些技术创新型城市的功能、创新领域各有侧重，但作为全球新知识、新技术、新产品和新模式的创新源头和生产中心，在科技创新方面具有五个共同的功能特征。

（1）科技创新资源集聚功能。全球科技创新中心通常具有丰富的科技创新

---

① Andersson F A T, Karlsson A, Svensson B H, et al. Occurrence and abatement of volatile sulfur compounds during biogas production［J］. Journal of the air & waste management association，2004，54（7）：855-861.

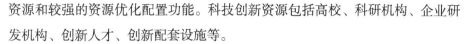

资源和较强的资源优化配置功能。科技创新资源包括高校、科研机构、企业研发机构、创新人才、创新配套设施等。

（2）科技创新成果转化机制。全球科技创新中心通常在促进科技成果转化和产业化方面拥有较为成熟、高效的机制，相关中介服务的市场化和国际化程度较高。

（3）科技创新支撑功能。全球科技创新中心在创新扶持、人才激励、科技金融支持、科技创新培训、创新中介等方面建立了较为完备的管理制度，为科技创新活动提供了体系保障。

（4）科技创新文化功能。全球科技创新中心具有"鼓励创新、宽容失败"的文化氛围，创新人才勇于尝试、勇于冒险、勇于竞争、乐于创新、乐于创业。

（5）科技创新国际交流与合作功能。全球科技创新中心通常具有国际化、开放性的科技创新环境，不仅聚集了不同国家和文化背景的高素质科技创新人才，还建立了庞大的国际科技创新合作网络。

第二节　全球科技创新中心的典型案例

一、美国纽约市

纽约市是美国东北部大西洋沿岸城市群最核心的区域创新中心。一是创新人才聚集。纽约市是美国科技人才汇聚的城市，也是美国移民聚集的重要城市，它所吸纳的高科技人才为其产业发展提供了强大的支持。二是跨国公司总部和研发机构集聚。巨大的市场和高素质的人才吸引了大量的技术公司在纽约市进行投资，如微软公司、雅虎公司、谷歌公司和太阳微系统公司等世界知名企业均在纽约市设立研究机构。其中，谷歌公司在纽约市设立了仅次于其在加利福尼亚州总部的办公室，拥有500多名研究人员。三是科技创新领域广泛。从20世纪50年代开始，纽约市的金融服务业等第三产业经济部门迅速崛起，为科技创新的发展创造了良好的条件。纽约市的产业结构不断发展和变化，也使研发领域呈现综合性的特点。纽约市的科技创新领域以生物化学、计算机与电子产品、运输设备及职业与科技服务等为主，既有传统的制造业领域，也有新兴的计算机与电子产品制造业。

此外，位于纽约市曼哈顿下城区的硅巷（Silicon Alley）——老宅中的高科技企业群已成长为纽约市新的经济增长点，成为继硅谷之后美国发展最快的信息技术中心地带之一，仅次于硅谷。硅巷的成功是纽约市政府推动与市场化运作完美结合的结果。政府方面，主要有减税计划、公私合营模式和基础设施的改善。市场方面，主要有大量的创新人才、浓郁的交融文化、丰富的资金来源和成熟的科技创新生态系统。

二、美国硅谷

硅谷位于美国加利福尼亚州，因持续的创新能力和强有力的竞争能力成为美国乃至世界的高科技发展的典范。硅谷强大的区域科技创新能力和高科技企业的快速发展，使其成为美国区域创新中心的摇篮和创业投资聚集中心。硅谷成功的原因除了美国政府部门提供的创新制度（知识产权、融资、税收等制度）保障和大学等研究机构提供的科研保障，企业自身的创新能力也很重要。硅谷区域创新中心具有 3 个特征：一是专利数量领先群伦；二是风险投资支撑硅谷创新集群的发展；三是发挥产业集群效应，提升创新能力。大量的技术企业集聚于硅谷，有的将总部迁移至此，有的设立研发中心，投入大量物质和智力资本。大量企业加入所带来的新科技和新知识扩散效应，进一步带动了区域创新。

硅谷的成功主要源于以下几个方面。

（1）特有的区域创新文化背景。硅谷文化认为机会与风险同在，不怕失败，勇于冒险，才能成就自己的事业。这无形中形成了一种鼓励创新、鼓励创业的氛围，使人人都想一展身手。同时，硅谷工作环境宽松，技术和管理人员跳槽或开办自己的公司并不会受到非议。这也使硅谷人才流动频繁，不仅促进了不同企业之间的交流和知识技术的扩散，有利于培养企业家和优秀的管理者，也吸引了大量人才来硅谷创业、发展。

（2）完善的风险投资体系。硅谷文化鼓励创业，硅谷的风险投资体系保障了个人创业的顺利实施。在硅谷发展早期，美国政府经常充当投资者和消费者的角色，以鼓励硅谷的创新和发展。随着硅谷的发展，风险投资逐步兴起，斯坦福大学附近的沙丘大街3000号集中了200多家风险投资公司。风险投资者一般具有丰富的经验和广大的资源网，为企业注入资金的同时，更能帮助企业建立良好的管理团队和治理结构。

（3）高效的产学结合方式。斯坦福大学对硅谷的成功起着重要作用。斯坦福大学的科研能力、鼓励创新的氛围和开放的环境，使它所在的硅谷能够脱颖而出。斯坦福大学为硅谷培养了大批的创业和创新人才，且与硅谷的创新企业有着广泛的联系与合作，甚至大学的教授、学生直接去创业。硅谷也积极借助斯坦福大学对新理论、新技术、新工艺的研究，快速将科研成果转化为生产力。目前，硅谷内斯坦福大学相关企业（斯坦福大学的师生和校友创办的企业）的产值就占硅谷总产值的50%～60%。

（3）巨大的高素质人才池。硅谷的高素质人才密集度在全球最高，这些人才包括工程师、科学家、咨询专家、用户界面设计师和企业家（包括投资家）。此外，还有大量的专业化猎头公司和招聘团队，以及会计和律师为创新者提供创新支持。在硅谷的创新群体中，有相当一部分是来自其他国家的技术移民，其中印度和中国的工程师和科技研究者较多。硅谷移民创建并经营的高科技企业占美国硅谷高科技企业的比例超过1/3。

（4）巨大的产学研集群和高端技术集群。自从"硅谷之父"特曼教授于1951年创建世界上第一个科技工业园——斯坦福研究园以来，斯坦福大学为硅谷输送了大量的创新人才。惠普公司、苹果公司、太阳微系统公司、硅谷图形公司、雅虎公司等大量的硅谷公司均由斯坦福大学毕业生创建。硅谷是因特网的诞生地。

（5）庞大的面向创新的非正规社会网络。硅谷的企业往往实行扁平化管理，管理者和员工之间没有严格的等级制度。企业之间存在经常性的人员流动。大量扎根硅谷的技术移民与其母国有着各种各样的联系，部分技术移民回国创业，又与硅谷形成新的联系，由此形成了庞大的非正规社会网络。这些网络成员共享创新理念、信息、技术、人力资源和其他资源。

（6）高度弹性的工业体系。硅谷以网络为基础的工业体系是为了不断适应市场和技术的迅速变化而建立起来的。在该体系中，企业分散的格局鼓励企业通过技能、技术和资本的自发重组谋求更多发展机遇。硅谷的生产网络促进了集体学习技术的过程，减少了大公司和小公司之间的差别，以及工业和部门之间的差别。

（7）严格的产权保护体系。硅谷对财产权的保护是全方位的，特别是对知识产权采取了严格的保护措施。

三、英国伦敦市

英国伦敦市既是世界金融中心、英国的经济中心，也是英格兰东南部城市群的区域创新中心。伦敦市的科技创新特征可以概括为以下几个方面。

（1）高等教育机构为科技创新提供动力。伦敦市是全球知识与学习中心，英国近 1/3 的高等教育机构位于伦敦市，其中一些教育机构在科学、技术、商业、艺术、人文和创意产业领域享有较高的国际声誉。这些都为伦敦市提供了重要的创新财富。在创新、科学与知识方面，高等教育机构发挥着至关重要的作用。优秀的高等教育与继续教育中心对艺术、人文、设计与其他创意学科、科学与技术发展等产生较大影响，成为推动伦敦市创新和变革的强大动力。

（2）政府制定政策，鼓励中小企业建立区域创新中心。创新存在一定的风险，因此伦敦市政府通过相关政策鼓励中小企业创新，制定相关法律明确中小企业建立区域创新中心的合法性及享有创新成果的权利，激发中小企业创新的积极性。对资金比较紧缺的中小企业，政府还通过提供起始资金等措施支持其创新发展。政府在鼓励中小企业创新的过程中，不断总结经验教训，制定、完善政策法规，引导中小企业进行创新活动。

（3）积极推动新兴产业发展。伦敦市金融城汇聚了世界上最古老和最成功的金融与商业服务企业群，这些企业都处在知识经济最前沿。另外，伦敦市还有许多享有国际声望的重要且新兴的产业，如生命科学、医药品产业，以及包

括艺术与设计、媒体与软件开发在内的创意产业等。

四、日本东京都

东京都是日本的政治、文化和经济中心。日本是成功的技术追赶型国家，其产业创新有自己的特点：一是在产业方面，东京都以制造业创新为主，不同于伦敦市这样的服务业创新城市；二是在技术性质方面，东京都以技术应用型创新为主，更多地依赖组织内部协作的隐性知识；三是在创新驱动方面，东京都制造业创新主要依赖生产驱动，而非基础科学驱动，不同于美国等技术领先国家，生产驱动的创新通常集中于生产流程优化、质量改进和成本降低，而非基础科学领域的突破带来的产业技术改革。这些特点使东京都的创新活动不同于西方国家的科技创新中心。

（1）知识创新型机构集聚东京都。东京都中央商务区（CBD）拥有企业总部办公室数量最多，如东京都大田区制造业总部办公室集聚度非常高，索尼株式会社、佳能株式会社等公司的总部都位于东京都大田区；具有全球竞争力的中小型企业总部，通常是大型企业的供应商，也集聚于东京都核心区。东京都郊区和东京都周边地区是研发机构、试验生产基地和供应商企业集聚地，如东京都多摩地区、川崎市和横滨市等。

（2）高度专业化的中小型企业集群是东京都创新活动的重要基础。中小型企业多为复杂劳动分工体系中的专业化企业，为大企业研发中心和生产总部提供专业化技术和样品。大企业将产品改进等任务外包给中小型企业，而自身着眼于战略性活动，包括新产品开发与技术研发。这些专业化企业在新产品创新和开发方面发挥着重要作用。中小型企业和大企业的合作，使日本企业能够在竞争激烈的市场中快速适应变化的需求。

（3）东京都是创新产品和创新理念的重要检验市场。东京都规模庞大、人口密度大、文化多元化、交通发达、各种服务和知识汇集，因而成为检验创新活动、检验商业新理念的重要市场。例如，秋叶原是日本最大电子产品商业街，银座、新宿和涩谷等则是日本年轻人聚集的商业区域，是日本时尚潮流的发源地。这些区域被称为"触角区域"。在这里，人们能够看到、听到、触到、体验、购买最先进和最能代表未来发展趋势的产品设计、材料和技术。

（4）东京都高度城市化经济有助于提升产业竞争力。东京都产业集聚和行业多样化的城市化经济促进了制造业的创新。产业集聚促进企业间的竞争与合作。同业的激烈竞争促进产品创新，缩短产品的生命周期。多种行业集聚还有助于促进新旧行业、不同行业之间的合作，推动服务创新和产品创新。传统媒体产业和游戏产业、电子漫画产业之间的合作就是这种合作的典型代表。

（5）东京都是国内外知识互动的核心节点。东京都是日本和其他国家进行知识交流的核心节点。日本有向海外学习和吸收知识的历史传统，再加上日本企业运作趋向全球化，日本海外机构从其他国家获得相关信息后，将之传递给位于东京都的功能性总部，总部接收和处理海外信息，并将信息传送至公司在日本国内的下属机构，促进产品创新。设在东京都的金融业机构、与政府相关的第三方机构，如日本贸易振兴机构（JETRO），通常会协助跨国企业从海外收集信息，并促进产品创新。

（6）东京都具有丰富的城市文化资源。东京都是日本重要的文化产业基地和文化资源集聚区。在长期的发展过程中，东京都构筑了富有魅力和文化历史底蕴的城市景观，积累了丰富多元的文化资源。本土文化与外来文化的频繁互动及国际交流，为东京都的创新活动提供了良好的环境。

（7）拥有日本及东京都政府创新政策的支持体系。东京都的创新活动受日本国家政策影响较大。日本国家政策优势在于政府能为未来经济发展提供长远规划和战略性投资。20世纪80年代，日本中央政府提出了"科学技术立国"的发展战略，将发展重点由"科技模仿"转向"科技创造"。1996—2016年，日本已发布5期"科学技术基本计划"，提出了教育改革、科技体制、产业政策、人才政策等方面的战略目标。2021年日本政府发布第6期计划，并更名为"科学技术创新基本计划"。

第三节　全球科技创新中心的演变和特征

一、20 世纪以来全球科技创新中心的演变

20 世纪以来，科学发展进入快车道。科学快速发展的具体表现之一就是以论文为主要载体的成果数量增长。从每年发表的论文数量趋势来看，每过11 年，全球发表论文的数量就会翻一番，而论文作者的数量每 12 年翻一番。[①]从论文和作者的数量变化来看，科研人员的论文生产力水平比较稳定，而数量的增长使科学技术一直在以一个稳定的速度发展。

从国家层面看，美国一直处于世界科研的最中心，因此，美国科研成果的被引用量一直居于世界首位。然而，这种领先优势在逐步缩小。第二次世界大战以后，随着日本、德国的经济复苏及 21 世纪中国的崛起，这些国家的科研成果被引用量也在逐年递增。[②]

二、科学门类研发应用趋势

1. 尖端化

在科学发展历程中，真正具有颠覆性意义的成果往往不是既有技术的延展，而是来自基础概念的革命。[③]进入 21 世纪，新一轮科技革命和产业变革正在孕育兴起，全球科技创新呈现新的发展态势，物质结构、宇宙演化、生命起源、意识本质等基础科学领域正在酝酿突破，信息、生物、新材料、新能源等前沿技术广泛渗透，科技创新链条更为灵巧，技术更新和成果转化更为快捷，

---

① Dong Y, Ma H, Shen Z, et al. A century of science: globalization of scientific collaborations, citations, and innovations. [C] //Proceedings of the 23 rd ACM SIGKDD International Conference on Knowledge Discovery and Data Mining, April 17, 2017: 1437–1446.

② 同①.

③ Mills M P. Making Technological Miracles [J/OL].The New Atlantis, 2017–09–06 [2022–06–01]. https://www.manhattan–institute.org/html/making–technological–miracles–10599.html.

产业更新换代不断加速。基础研究前沿突破精彩纷呈，学科交叉特征突出，需求牵引更为凸显，科学、技术、工程相互渗透，知识创新、技术创新和产业创新深度融合，催生了新一代技术群和新产业增长点。基础研究日益成为推动科技革命和产业变革的重要原动力。[①]

纵观科学发展的历史，一些重要的科学发现往往有规律可循，因为随着科学理论的不断积累，某一发现也呼之欲出，人类基因序列的测定与引力波的观测都属于此类情况。当然也有一些科学发现难以预知，因为这些将会改变我们原有的认知，如可编辑基因的编辑及第一种抗生素——青霉素（盘尼西林）的发现。[②] 前者代表一种提升性研究，后者则代表一种转折性研究，二者都具有突破性意义，标志着科学发展日益尖端化。

随着科学研究的尖端化，重大科技基础设施在科研中扮演着越来越重要的角色，并对科学知识的源头创新起到了促进作用。

专栏 1　欧洲核子研究中心（CERN）

1949 年，联合国教科文组织在瑞士洛桑市举办的一次国际会议上，欧洲原子能委员会宣布成立。1953 年，欧洲原子能委员会决定联合建立一个研究中心，因为按照当时的情况，没有一个欧洲国家能单独建立起研究中心。1954 年，欧洲 12 个国家联合在瑞士日内瓦市近郊的瑞法边境地区建立欧洲核子研究中心，以欧洲原子能委员会的法文缩写 CERN 命名。

CERN 最初主要是从事原子核相关研究，后来职能和任务发生了很大改变，但名称未再改动。经过半个多世纪的发展，CERN 已成为当今世界粒子物理研究领域的领跑者，拥有质子同步回旋加速器、超级质子同步

---

① 国家自然科学基金委员会.国家自然科学基金"十三五"发展规划［EB/OL］.2016-06-16［2022-06-01］.https://www.nsfc.gov.cn/nsfc/cen/bzgh_135/index.html.

② Clauset A, Larremore D B, Sinatra R. Data-driven predictions in the science of science.［J］.Science，355（6324）：477-480.

回旋加速器及目前世界上最高能量的大型强子对撞机等全系列的粒子加速器系统，对基础科学研究、新技术新发明及尖端人才培养做出了重要贡献。

2014 年的数据显示，CERN 有来自 21 个成员国的 3000 多名工作人员，每年还有来自 100 多个国家的 1 万多名合作科学家及访问学者；CERN 聚集了全球粒子物理研究领域的高端人才，每年产生 1000 多篇博士论文。[1]

相关研究表明，应用大型强子对撞机（LHC）、大型正负电子对撞机（LEP）、1 万亿伏电子加速器（Tevatron）等重大科技基础设施进行实验而形成的原始创新论文（Project Paper）成果激增；相比之下，根据文献分析得出的理论类论文（Literature Paper）增长较缓。随着实验研究成果不断涌现，原始创新论文的被引率增高，理论类论文的增长开始提速，即实验知识持续被理论类论文研究与利用。研究还发现，在同一时期内，围绕同一问题所产出的科研成果较为集中，形成了集群化创新的格局。[2]

2. 融合化

近代科学中的重大发现和重要问题的解决，常常依赖于多个学科的知识交流和相互渗透。不同学科的交叉点往往是新学科的生长点和科学前沿，也最有可能产生重大科学突破。100 多年来，诺贝尔物理学奖、化学奖、生理学或医学奖的获奖者中，有 41% 的获奖者的研究领域属于交叉科学。[3]

---

① 中国科学院高能物理研究所. 走进神秘的欧洲核子研究中心［EB/OL］. 2014-06-05［2017-09-25］. http://www.ihep.cas.cn/kxcb/zmsys/CERN/201406/t20140605_4132387.html.

② Carrazza S, Ferrara A, Salini S. Research infrastructures in the LHC era: A scientometric approach［J］. Technological Forecasting and Social Change, 2016, 112: 121-133.

③ Zhang L, Rousseau R, Glänzel W. Diversity of references as an indicator of the interdisciplinarity of journals: Taking similarity between subject fields into account［J］. Journal of the Association for Information Science and Technology, 2016, 67（5）: 1257-1265.

21世纪以来，以跨学科为特征的融合型研究成果日益增多。相关研究显示，越来越多的研究论文引用了非本学科的研究成果。从 Web of Science 数据库收录的研究论文及其参考文献所属的领域来看，不论是在自然科学、工程科学领域，还是社会科学领域，引用非本学科成果的论文所占的比例越来越大，而引用同一个学科的不同子学科（如遗传学论文引用动物学论文等）成果的论文所占的比例略有下降。研究还发现，跨学科程度往往与学科属性密切相关，其中物质科学等基础学科的跨学科程度相对较高。[①]

学科融合的趋势必然导致科研团队的规模和结构也发生变化。为了解决研究中不断衍生的新问题，往往需要研究人员获取其他学科的专业技能和资源。因此，科学合作的规模和结构也不断调整，以实现"最优值"。[②]

专栏2　空间科学和天文学科研团队的规模和学科结构变化

以空间科学和天文学为例，研究团队的平均规模从1961—1965年的1.5人上升到2006—2010年的6.7人。[③]团队规模逐步扩大的同时，团队结构也呈现多元化趋势，学科交叉融合的程度也不断加深。

1961—1965年，一篇论文的作者通常不超过5位，而且没有超过8位作者的论文，大多数团队的规模接近平均值。而2006—2010年，虽然90%的论文的作者少于10位，但是最大的团队有几百人。

1961—2010年，跨学科团队发表的论文约占当年发表全部论文的30%，而且这一比例在这50年一直保持稳定；本学科的核心团队发表了约60%的论文。在20世纪60年代早期，核心团队和跨学科团队的规模

---

①　Van Noorden R. Interdisciplinary research by the numbers: An analysis reveals the extent and impact of research that bridges disciplines［J］. Nature, 2015, 525: 306-307.

②　Zhang L, Rousseau R, Glänzel W. Diversity of references as an indicator of the interdisciplinarity of journals: Taking similarity between subject fields into account［J］. Journal of the Association for Information Science and Technology, 2016, 67（5）: 1257-1265.

③　Milojević, S. Principles of scientific research team formation and evolution［J］. Proceedings of the National Academy of Sciences, 2014, 111（11）: 3984-3989.

都相对较小（平均分别为 1.1 人和 2.5 人）；之后，核心团队的平均规模线性增长到 3.2 人，而跨学科团队的平均规模指数增长到 11.2 人。[①]

3. 集群化

随着"大科学"时代的到来，科学发展呈现出明显的集群化特征。从 1975 年开始，大型科研团队兴起。得益于现代化的通信工具，科学交流不再受到时间和空间的限制，科学研究团队规模能够达到数百人甚至数千人。国际间的合作交流也日益频繁，国际合著论文的占比由 20 世纪初的 1% 增长到 2016 年年底的 20%。科学合作的积极意义逐渐显现。相关数据显示，1900 年有 20% 的最有价值的科研成果来自科学合作，这一比例在 2015 年达到了 90%。[②]

在大多数国家（尤其是新兴发展中国家，如中国、巴西、印度等），国内城市间合著论文的占比比跨国城市间合著论文的占比增长更快，使国家内部城市组成的科研体系得以巩固。以中国为例，科技创新呈现出明显的区域"集群化"特征，包括京津冀地区、长江三角洲地区、珠江三角洲地区、山东半岛、哈长地区、辽中南地区、长江中游地区、成渝地区、海峡西岸等区域，其中东部的京津冀地区至长江三角洲地区已形成明显的创新连绵带。[③] 而在一些科研成果产出较为密集的发达国家（美国、英国、日本等），跨国城市间合著论文的占比比国内城市间合著论文的占比增长更快，国际化趋势明显。[④]

---

① Milojević, S. Principles of scientific research team formation and evolution [J]. Proceedings of the National Academy of Sciences, 2014, 111 (11): 3984-3989.

② Dong Y, Ma H, Shen Z, et al. A century of science: globalization of scientific collaborations, citations, and innovations. [C] //Proceedings of the 23rd ACM SIGKDD International Conference on Knowledge Discovery and Data Mining, April 17, 2017: 1437-1446.

③ 何舜辉，杜德斌，焦美琪，等. 中国地级以上城市创新能力的时空格局演变及影响因素分析 [J]. 地理科学，2017, 37 (7): 1014-1022.

④ Maisonobe M, Eckert D, Grossetti M, et al. The world network of scientific collaborations between cities: domestic or international dynamics? [J]. Journal of Informetrics, 2016, 10 (4): 1025-1036.

　　从创新区域的合作态势而言，各国重大科技基础设施中心所在的地区都处于重要的节点上。其中，一些研究型大学和国家实验室相得益彰的科教融合性大都市，如美国的波士顿市、洛杉矶市、芝加哥市等，不仅是本国科研成果的主要贡献者，而且是国际科研合作的核心节点；一些研究型大学较为集中的城市，如英国的牛津市、剑桥市等，都在国际科研合作中发挥着主导作用；一些科技基础设施集聚的城市或区域，如法国的格勒诺布尔市、瑞士的日内瓦市、德国的海德堡市、日本的筑波科学城、韩国大田市的大德创新特区、中国台湾的新竹市等，都在本国（或本区域）科技创新中心建设中扮演着不可替代的角色，成了本国（或本区域）实现国际化合作的重要纽带。

第二章
全球科技创新中心的建设路径和评价体系

第一节　国际科学城模式经验综述

一、国际科学城的类型

从世界各国科学城的发展路径和模式来看，科学城可以大致划分为三类（表2-1）。

第一类是在政府计划指引下，依托大学和研究机构建立的全新的科学城。这类科学城集中出现在20世纪30年代至80年代，以日本筑波科学城、日本关西科学城、韩国大德创新特区、苏联新西伯利亚科学城为代表，一般依靠行政力量聚集科学技术研发机构、教育机构，通过政策优惠吸引高技术企业和人才参与科学城的建设。

第二类是在现有高技术中心基础上拓展形成的功能完备的城市系统，如在科学园区的基础上建立的瑞典西斯塔科学城等。这类科学城出现在1980年以后，大多拥有良好的高技术产业发展基础，通过城市综合型基础设施的完善和对外整体形象的提升，进一步提高竞争力。

第三类是现有大都市区加强科学研究、技术应用、创新创业，推动产业结构向高技术产业转型而形成的大都市区尺度的科学城。这类科学城于2000年以后逐渐形成，主要发展思路是将以科学为基础的经济发展置于现有大都市区中，通过更广泛的公共参与和更广泛的地方合作来实现愿景。典型代表是英国始于2004年的科学城发展战略，即在曼彻斯特市、伯明翰市、约克市、纽卡斯尔市、布里斯托市和诺丁汉市建设科学城，将科学、技术与所在城市的已有基础结合，通过科技和产业的发展，引领社会发展。

表2-1　科学城发展路径、发展模式和典型代表

项　目	第一类	第二类	第三类
路径概括	以科学为基础、依托大学和研究机构的新城镇建设	基于现有高技术中心功能拓展而实施地方和区域发展项目	现有大都市区科技创新功能转型的空间形态变迁
出现时间	20世纪50年代至80年代	20世纪80年代至90年代	2000年至今
推动主体	国家	地方政府	地方政府和市场
发展动力	政策驱动	政策驱动和投资驱动	投资驱动和创新驱动
创新模式	线性创新	互动创新	开放创新
侧重点	大学为基础、要素集聚	地方内生联系、要素互动	集群导向、全球联系
典型案例	日本筑波科学城、日本关西科学城、韩国大德创新特区、苏联新西伯利亚科学城	瑞典西斯塔科学城、新加坡纬壹科技城、中国台湾新竹科学工业园区	英国科学城

　　理想的科学城的发展特征包括：创新要素的自发集聚和创新成果的不断产生，拥有自主知识产权的科研成果不断得到产业化应用或结合市场需求自主进行产品和服务的改进；发展目标是促进科学成果的商业化应用，实现创新引领经济和社会发展；发展载体为促进创新产生的多样性、开放型、自组织的城市系统。

　　理想的科学城的特点：能吸引和留住知识资源和人力资源；技术创新源具备自主创新的实力，并能够通过技术创新的推动力量不断产生科技创新成果；企业在自身研发和与技术创新源合作的基础上，能够结合市场需求产生市场创

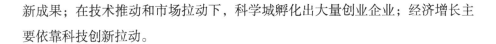

新成果；在技术推动和市场拉动下，科学城孵化出大量创业企业；经济增长主要依靠科技创新拉动。

二、国际科学城的经验

（1）研究型大学参与区域创新，形成产学研深度融合发展网络。该模式源自美国硅谷，是发达国家实施科技集聚的典型模式。例如，美国斯坦福大学作为"知识富矿"的代表，依托产业载体，适时打造"大学—科研—产业"三位一体的互促反哺发展模式，实现了硅谷的迅速腾飞。硅谷的成功得益于斯坦福大学有利于技术转移的创新孵化体系和"聚天下英才而用之"的国际化人才观。斯坦福大学创立的斯坦福工业园区借助院校的智力资源、孵化政策等优势，成长为众多高科技公司集聚的园区，直至将研发、孵化、产业化相关机构聚集在硅谷及其周边。在硅谷，人的才华与能力是最重要的条件，种族、年龄、资历与经验并不能决定工作机会和职位，这也是吸引全世界科技人才、企业家来硅谷工作的重要原因。学习借鉴硅谷引才聚才和产学研深度融合发展模式，对加快中关村科学城建设发展步伐，具有重要的意义。

（2）吸引顶级人才和营造国际一流创新软环境，最大限度地实现大科学装置的硬核价值。大装置出大成果的梦想，吸引着国际科学"大咖"的聚集。日本东京湾区大科学装置的建设除了日本政府持续有序的政策支持和经费支持，也离不开日本东京大学和日本筑波科学城顶尖科学家与科研人才供给。顶尖人才使大科学装置得到高效利用。欧洲核子研究中心科学城拥有硬核的大科学装置，并通过打造一系列软交流空间，吸引全球众多科学精英，激发科学精英的创造力，最大限度地利用大科学装置的价值，打造具有国际竞争力的科技创新中心。法国斯特拉斯堡市通过吸引大批国际科学合作组织入驻，带来了大量国际科研人才，为产业发展注入了新活力。此外，斯特拉斯堡市还通过改善国际化交通、构建国际化环境及整合国际资源等方式，逆袭成为"国际城市"。日本东京湾区和欧洲核子研究中心科学城以大科学装置为抓手，汇聚高精尖技术人才，营造创新软环境，最大限度地实现大科学装置的硬核价值，为我国怀柔科学城建设提供了参考。

（3）依托世界级龙头企业精准编织科研网络，提升城市科技硬核实力。德国埃尔朗根市依托埃尔朗根—纽伦堡大学强大的科研力量，着力提升德国西门子股份有限公司及众多创新公司、私人和公共研究机构的产业实力，同时又在政府主导下引入一系列研发、孵化、应用研究机构，集医疗产业、光电子产业及可再生能源产业于一体，编织了一张科研巨网，不断迸发出创新活力，带动了整个地区科技实力的提升。美国圣地亚哥市的精准医疗产业集聚了大量的精准医疗相关研究所、大学及相关企业总部，拥有全美顶尖的研发阵容。圣地亚哥市以生物巨头公司为引领，以医疗产业服务支撑为重要驱动力，以研发环节为核心，连接本地的孵化器和加速器，形成研产服一体化的产业发展模式和产业联盟，推动精准医疗产业快速发展。以上两个科学城依托龙头企业逐步编织形成科研网络，注重加强与现有产业功能区融合互动，值得北京市未来科学城建设借鉴参考。

（4）打造高效循环的创新生态，辐射带动区域发展。韩国大德创新特区引进了专业的运营团队，通过原始创新聚集、创新成果转化、商业价值挖掘谋求发展。大德创新特区结合地区经济，鼓励和扶持技术创业，不断挖掘创新成果的商业价值，增强内生动力，形成了高效循环的"研发—转化—商业化—收益"的生态创新系统。韩国大德创新特区的一体化发展生态具有良好的辐射带动作用，与北京市未来科学城的定位相似，值得未来科学城参考学习。

（5）借力政府扶持，有机整合多重资源，助力创新集群建设。德国图宾根市在政府的集群化政策引导下，充分发挥自身研究机构、医院、企业数量众多等优势，利用中间机构使三者紧密配合，资源互通，专注于生物高科技产品研发，促进生物医药知识成果产业化。日本筑波科学城采用政府主导的科学城建设模式，配置高层次的法律体系、多元化的筹资渠道、公益性住宅等资源或设施，以原始创新能力支撑产业链的持续发展；同时，通过引进企业所属的研究机构促进科学城的应用研究和提高生产能力，从而有效地发挥基础研究和原始创新对产业链的引领带动作用。以上两个科学城在政府的大力支持下，结合自身发展特点进行资源整合，积极带动创新集群建设，可供北京经济技术开发区（亦庄）建设参考。

（6）打造完备的产业链与品牌推广共行，建设国际航空制造新城。法国图卢兹市通过构建一个开放、没有明确边界的航空航天谷，形成了广域的产业聚集，从而实现航空制造与城市发展的有机融合。与此同时，图卢兹市积极吸引航空制造业上下游的国际企业入驻，形成了完备的航空制造产业链。图卢兹市从国际孵化平台、共享交流平台、专业培训平台三大平台发力，通过构建富有生命力的产业生态为航空制造业的永续发展保驾护航。此外，图卢兹市极为重视城市品牌的塑造与推广，建造了航空博物馆和航空航天主题公园，既可以让人们近距离地了解图卢兹市航空制造业的发展历史、文化和工业实力，还可以让人们在新奇有趣的体验中了解航空制造业。丰富多彩的航空特色旅游，大大强化了图卢兹市"国际航空制造城"的品牌特色，并提升了其国际知名度。北京市创新产业集群示范区（顺义）的建设以航空航天产业为特色，因此可以学习图卢兹市的建设模式，打造航空航天产业新高地。

第二节　国内外区域创新评价体系

目前，国内外针对不同国家、城市和区域的创新能力开发建立了不同的评价指标体系。从国家层面创新能力的评估来看，较有影响力的评价体系包括全球创新指数（GII）、欧洲创新记分牌（EIS）及中国创新指数；从城市层面创新能力的评估来看，有代表性的评价体系包括全球科技创新中心评估指数、上海科技创新中心指数、中国双创指数和北京全国科技创新中心指数；从园区层面创新能力的评估来看，硅谷指数、高新区创新能力评价指标体系及中关村指数是目前国内外常用的创新评价体系。上述评价体系为北京市"三城一区"（中关村科学城、怀柔科学城、未来科学城和北京经济技术开发区）创新能力监测指标体系的构建提供了一定的参考，其中园区层面的评价体系更具有借鉴意义。

一、国家层面创新能力评估

1. 全球创新指数（GII）

全球创新指数（Global Innovation Index，GII）是世界知识产权组织、美国康奈尔大学、欧洲工商管理学院于 2007 年共同创立的年度排名，衡量全球多个经济体的创新能力。

全球创新指数指标体系的变化从某种程度上反映了全球创新格局的变化，对今后建立国家或领域的创新能力评价具有指导作用和借鉴意义。2019 年，全球创新指数评价指标体系包含 2 个一级指数，7 个二级指标，21 个三级指标（表 2-2）。全球创新指数已经成为全球范围内国家或地区之间创新能力比较的重要尺度。每年发布的全球创新指数都会引发众多机构的解读和研究。

全球创新指数对北京市"三城一区"创新能力监测指标体系的构建具有重要参考价值。从创新投入方面看，人力资本是反映北京市"三城一区"创新能力的重要指标。人才是创新的源泉，人才的培养、引进和管理是考察地区创新能力的重要依据。北京市"三城一区"在发展过程中强调人才投入，不断优化人才发展环境，提升人才服务水平，汇聚一流创新人才，打造全球人才中心。在全球创新指数指标体系中，人员的受教育程度及研发能力等指标都对北京市"三城一区"创新能力的培育具有重要指示作用。此外，基础设施是创新的保障，基础设施建设是北京市"三城一区"规划的重点内容之一。在北京市"三城一区"创新能力监测指标体系的构建过程中，除了可引进全球创新指数指标体系中的信息通信基础设施、普通基础设施等指标，还可重点关注新型基础设

表2-2　2019年全球创新指数指标体系

一级指标	二级指标	三级指标
创新投入	政策制度	制度环境、监管环境、商业环境
	人力资本和研发	受教育程度、研发能力
	基础设施	信息通信基础设施、普通基础设施、生态可持续性
	市场成熟度	信贷、投资、贸易、竞争、市场规模
	商业成熟度	知识型工人、创新关联、知识吸收
创新产出	知识和技术产出	知识和技术的创造、影响和传播
	创意产出	无形资产、创意产品和服务、网络创意

施及智能设施建设水平。从创新产出方面看，知识和技术产出可作为衡量北京市"三城一区"创新能力的直接标准，并可进一步从专利授权、标准制定、申请商标、科研论文、重大成果、技术交易及新产品销售等方面对知识和技术的产出、影响和传播进行测度，进而对北京市"三城一区"的创新产出能力进行监测和评价。

2. 欧洲创新记分牌

欧洲创新记分牌（European Innovation Scoreboard，EIS）是欧盟委员会为评估和比较成员国创新能力、查找各国创新的优势与不足而设立的，也常被非欧盟国家学习借鉴。欧洲创新记分牌从框架条件、创新投资、创新活动和创新影响4个方面，人力资源、有吸引力的研究体系、创新友好型环境、金融支持、企业投资、创新企业、创新协作联系、知识资产、就业影响和销售影响10个维度，采用27个与研究和创新相关的指标对欧盟国家的创新绩效或表现进行评估（表2-3）。

欧洲创新记分牌对北京市"三城一区"创新能力监测指标体系的构建也有借鉴意义，尤其是人力资源、创新投资、创新环境及知识资产方面的相关指标。首先，人才是创新的根本，人力资源是考核北京市"三城一区"创新能力的核心指标之一。监测和评价时，可重点关注企业、高校及科研机构研发人员的数量及增长率，研究生学历人数，高端人才及科学家人数等。其次，在创新投资方面，可将财政金融支持及企业投资两个核心指标引入北京市"三城一区"创新能力监测指标体系。再次，创新环境也是评估北京市"三城一区"创新能力的重要方面，在构建监测指标体系时，可对欧洲创新记分牌中的"创新友好型环境"指标进行扩展，进一步增加自然环境、经济环境、法律环境、基础设施、人居环境和经济预期等指标。最后，知识资产是衡量创新产出的重要标准，专利申请和商标申请等均可作为创新产出的二级指标引入北京市"三城一区"创新能力监测指标体系。

表 2-3　欧洲创新记分牌

一级指标	二级指标	三级指标
框架条件	人力资源	新的博士毕业生、25~34 岁的人口中受过高等教育的人数、终生学习
	有吸引力的研究体系	国际科学合著论文、被引次数前 10% 的论文、来自外国的博士生
	创新友好型环境	宽带渗透率、机会驱动型企业
创新投资	金融支持	公共部门的研发支出、风险资金支出
	企业投资	企业部门研发支出、非研发创新支出、为员工提供培训提高信息通信技能的企业
创新活动	创新企业	产品或流程 / 市场营销或组织管理有创新的中小企业、中小企业内部创新
	创新协作联系	与其他机构开展合作的创新型中小企业、公私合著论文、私营部门与公共联合资助研发
	知识资产	PCT 专利申请、商标申请、设计申请
创新影响	就业影响	知识密集型活动中的就业情况、快速成长型企业中的就业情况
	销售影响	中高端技术产品出口、知识密集型服务出口、市场新产品和企业新产品销售额

3. 中国创新指数

中国创新指数由国家统计局社会科技与文化产业统计司《中国创新指数研究》课题组测算。指标体系分成 3 个层次：第一个层次反映我国创新总体发展情况，通过计算创新总指数实现；第二个层次反映我国在创新环境、创新投入、创新产出和创新成效等 4 个领域的发展情况，通过计算各领域指数实现；第三个层次反映构成创新能力各方面的具体发展情况，通过上述 4 个领域的 21 个评价指标实现（表 2-4）。

表 2-4　中国创新指数

一级指标	二级指标
创新环境	劳动力中大专及以上学历人数
	人均 GDP
	理工科毕业生占适龄人口比例
	科技拨款占财政拨款的比例
	享受加计扣除减免税企业所占比例
创新投入	每万人中研发人员全时当量
	研发经费占 GDP 的比例
	基础研究人员人均经费
	研发经费占主营业务收入比例
	有研发机构的企业所占比例
	开展产学研合作的企业所占比例
创新产出	每万人科技论文数
	每万名研发人员专利授权数
	发明专利授权数占专利授权数的比例
	每百家企业商标拥有量
	每万名科技活动人员技术市场成交额
创新成效	新产品销售收入占主营业务收入的比例
	高技术产品出口额占货物出口额的比例
	每万元 GDP 能耗
	人均主营业务收入
	科技进步贡献率

中国创新指数是由国家统计局为反映我国创新总体发展情况而编制的指标体系。较全球创新指数、欧洲创新记分牌，中国创新指数指标体系更符合中国国情，对北京市"三城一区"创新能力监测指标体系的构建也更具借鉴意义。北京市"三城一区"是我国创新发展的高地，集聚人才、技术、资本等创新要素，持续产出高水平科研成果，引领我国乃至全球科技创新。因而，在构建北

京市"三城一区"创新能力监测指标体系时，可在中国创新指数体系框架的基础上进行细化，深入挖掘能反映北京市"三城一区"在创新环境、创新投入、创新产出及创新成效等方面表现的各项指标，实现对创新能力的综合全面监控和评估。具体来看，创新环境方面，可将自然环境、经济环境、法律环境、人居环境、基础设施及经济预期等引入指标体系；创新投入方面，可将人才和资金引入指标体系；创新产出方面，可进一步引入专利、标准、商标、论文、新产品、重大成果及技术交易等指标，对北京市"三城一区"创新产出能力进行全面的评估；创新成效方面，不但要关注经济绩效，还应将环境绩效引入评价指标体系。

全球创新指数（GII）、欧洲创新记分牌（EIS）和中国创新指数重点从国家层面对创新能力进行评估。总体来说，创新环境、创新投入、创新产出和创新成效是评估一个国家创新能力的重要指标。创新环境重点考察基础设施、商业环境、经济发展情况等；创新投入重点考察人才情况、财政金融支持及企业的研发投入情况等；创新产出着重考察知识和技术的产出，具体可通过专利、论文、标准、商标及重大成果进行评估；创新成效重点关注创新所带来的经济绩效，包括创新驱动的就业情况及新产品的销售情况等。尽管以上 3 个指标体系着眼于国家创新能力评估，但反映创新环境、创新投入、创新产出、创新成效等的重点指标对北京市"三城一区"创新能力监测仍具有较大参考价值。由于北京市"三城一区"作为创新能力评估的区域对象，较国家创新能力指标体系考察的范围更小、更为聚焦，因此在引入创新环境、创新投入、创新产出和创新成效等一级指标的同时，可对二级指标和三级指标进一步细化，以便能更全面地反映区域的创新能力。

二、城市层面创新能力评估

1. 全球科技创新中心评估指数

上海市信息中心为对标国际先进水平，深入剖析全球科技创新中心形成及发展的客观规律，构建了全球科技创新中心评估指数指标体系。该指标体系选取澳大利亚商业数据公司 2thinknow 发布的《全球创新城市指数》所考察的城市、世界知识产权等机构编撰的《全球创新指数》中排名靠前国家的首都或创新经济发达城市，以及未纳入上述排名但知名度较高的创新城市为评估对象，并基于国际上对都市圈较为通行的定义，将中心城市及距离中心城市小于50千米的城市归并为一个都市圈，最终确定了165个城市都市圈为本报告的研究对象。这165个城市都市圈的人口不足全球总人口的10%，面积不足全球陆地面积的0.1%，但进入QS世界大学排名前200名的大学数量、发表的SCI论文数量、风险投资额等的占比均达到60%，GDP总量占全球GDP的1/3，这些充分体现了全球科技创新中心创新资源集聚及其带来的高附加值。

该指标体系遵循相关性、权威性、客观性、可比较性和可获得性的原则，选取了基础研究、产业技术、创新经济和创新环境4个方面的25个指标（表2-5），采用百分制法对全球165个都市圈的创新能力进行评估。

该指标体系对北京市"三城一区"创新能力监测指标体系的构建也具有一定的借鉴意义。首先，基础研究是北京市"三城一区"规划的重点之一，论文发表、一流大学数量、科研获奖及科研设施4个指标均可纳入北京市"三城一区"创新能力监测指标体系，以便对北京市"三城一区"基础研究能力进行评估。其次，产业技术反映了区域内高技术产业发展情况，在构建北京市"三城一区"创新能力监测指标体系时可进一步从高技术企业数量、企业研发投入、高技术产品收入等方面进行考察。再次，创新经济反映了区域的经济环境，除了生产力水平、金融支撑和企业活力等指标，还可进一步对就业状况及税收优惠情况进行评估。最后，创新环境重点关注人才及宜居环境，这些指标均可纳入北京市"三城一区"创新能力监测指标体系。

表2-5　全球科技创新中心评估指数指标体系

一级指标	二级指标	指标选取
基础研究（25%）	论文发表	自然指数（Nature Index）、SCI收录的高被引论文数量
	一流大学数量	进入QS世界大学排名前200名的大学数量
	科研获奖	世界顶级科技奖励获奖人数
	科研设施	大科学设施数量、超级计算中心科学计算能力

续表

一级指标	二级指标	指标选取
产业技术（25%）	专利申请	PCT 专利申请量
	高科技制造业	福布斯"全球企业 200 强"榜单中医药化工制造业、电子信息制造业和高端设备制造业企业数量
	生产性服务业	生产性服务业世界一线城市分级①
	企业研发投入	企业研发投入
创新经济（25%）	生产力水平	人均 GDP
	金融支撑	风险投资、私募股权投资、众筹募资
	企业活力	独角兽企业、企业创新力、企业成长性
创新环境（25%）	人才	高端职位供给
	便利化	航线连接性、高级宾馆
	宜居环境	宜居和生活质量
	繁荣	夜晚灯光度
	政策舆论	创新关键词检索量②

2. 上海科技创新中心指数

上海市正深入实施创新驱动发展战略，加快建设具有国际影响力的科技创新中心。为了更好地把握科技创新中心的形成与发展规律，及时了解科技创新中心建设的进程与成效，自 2016 年起，上海市科学学研究所在上海市科学技

---

① 依据是以英国拉夫堡大学为基地的全球化与世界城市研究中心（GaWC）用六大高级生产性服务业机构（银行、保险、法律、咨询管理、广告和会计）在世界各大城市中的分布为指标对世界城市进行的排名。

② 该指标着重评测科技创新中心城市"创新"关键词的互联网检索量、收录量，体现城市的创新活跃程度、创新重视程度、创新政策出台，以及媒体和全社会对城市创新的关注程度。

术委员会的指导和支持下组织课题组开展了上海科技创新中心指数的研究与编制工作。《上海科技创新中心指数报告》以翔实的数据统计分析为支撑，力求反映上海市创新发展的主要特征、趋势与不足。

上海科技创新中心指数遵循"创新 3.0"时代科技创新与城市功能发展规律，以创新生态视角，着眼于创新资源集聚力、科技成果影响力、新兴产业引领力、创新辐射带动力和创新环境吸引力，构建了包括 5 个一级指标，35 个二级指标的指标体系（表 2-6），并以 2010 年为基期（基准值 100），合成了2010 年以来各年度的上海科技创新中心指数。

表 2-6　上海科技创新中心指数

一级指标	二级指标
创新资源聚力	全社会研发经费投入占 GDP 的比例
	规模以上工业企业研发经费与主营业务收入之比
	劳动力人口中接受过高等教育人口的比例
	每万人中研发人员全时当量
	基础研究占全社会研发经费支出的比例
	创业投资及私募股权投资总额
	国家级研发机构数量
	科研机构或高校使用来自企业的研发资金
科技成果影响力	国际科技论文收录数
	国际科技论文被引频次
	PCT 专利申请量
	每万人发明专利拥有量
	国家级科技成果奖励占比
	进入 QS 世界大学排名前 500 名的大学数量
	全球高被引科学家入围人次

续表

一级指标	二级指标
新兴产业引领力	全员劳动生产率
	信息、科技服务业累计新增营业收入亿元以上企业数量
	知识密集型产业从业人员占全市从业人员的比例
	知识密集型服务业增加值占 GDP 的比例
	战略性新兴产业制造业增加值占 GDP 的比例
	技术合同成交金额
	每万元 GDP 能耗
	全市高新技术企业总数
创新辐射带动力	外资研发中心数量
	向国内外输出技术合同额占比
	向长江三角洲地区（江苏省、浙江省、安徽省）输出技术合同额
	高新技术产品输出额
	《财富》500 强企业上海本地企业入围和排名
创新环境和吸引力	环境空气质量优良率
	研发费用加计扣除与高新技术企业税收减免额
	公民科学素质水平达标率
	新设企业数占比
	外国常住人口
	固定宽带下载速率
	独角兽企业数量

上海科技创新中心指数对北京市"三城一区"创新能力监测指标体系的构建具有一定的启示作用。从创新资源集聚力来看，北京市"三城一区"的建设应重点关注人才、企业和科研机构的集聚和互动；科技成果影响力反映创新产出情况，北京市"三城一区"创新能力监测指标体系的构建可聚焦科研论文、标准制定、商标申请、专利授权、重大成果及技术交易等指标；新兴产业引领力重点反映区域内创新带来的经济和产业效益，北京市"三城一区"创新能力监测指标体系可引入科技企业的增长率、存活率及创业板上市企业的数量等指

标；创新环境也是反映创新能力的重要指标，北京市"三城一区"创新能力监测指标体系可在上海科技创新中心指数的基础上进一步细化，引入自然环境、经济环境、法律环境、人居环境及基础设施等方面的指标。此外，由于北京市"三城一区"创新能力监测指标体系着重对北京4个不同创新区域的创新能力情况进行评估，所以创新辐射带动力及国际输出力可暂不纳入评估体系。

3. 中国双创指数

"一带一路"国际合作发展（深圳）研究院发布《中国双创发展报告》，通过构建中国双创指数，对全国"大众创业、万众创新"活动进行系统性分析。中国双创指数指标体系包括环境支持、资源能力和绩效价值3个一级指标、9个二级指标和30个三级指标（表2-7），用以测度和对比全国100个主要城市的创业、创新发展情况。报告对全国100个城市相关数据进行采集、处理和计算分析，对城市创业、创新发展进行综合测评和分维度测评，有利于更加准确地反映我国创业、创新发展形势。

表2-7 中国双创指数（2018—2019年）

一级指标	二级指标	三级指标
环境支持	市场结构	非公有制企业数量占比、小微企业数量占比、外商投资占GDP的比例
	产业基础	对外进出口总额、规模以上工业总产值、民间资本固定资产投资总额占GDP的比例
	制度文化	政府效率指数、商业信用环境指数、每万人图书馆数量
	配套支持	公共陆路交通效率、物流业指数、互联网宽带普及率、综合医院占医疗机构的比例、国家级科技企业孵化器数量
资源能力	人力资源	净流入常住人口、高等学历人口占比、知识密集型服务业从业人员占比
	资本投入	普通高校在校生数量、科学技术支出占GDP的比例、规模以上工业企业新产品开发经费支出、年度首次公开募股（IPO）规模、年度新三板上市企业数量

一级指标	二级指标	三级指标
绩效价值	产业绩效	人均 GDP、高技术产业增加值占 GDP 的比例、规模以上工业企业新产品产值
	创新绩效	专利授权数、每万人国内发明专利申请量、"互联网 +"数字经济指数
	可持续发展	每万元 GDP 能耗、空气质量优良（二级及以上）天数占比

中国双创指数简洁清晰，从环境支持、资源能力和绩效价值 3 个方面对我国城市的创业、创新发展形势进行了系统条理的测评，对北京市"三城一区"创新能力监测指标体系的构建具有较大借鉴意义。首先，环境支持方面，市场结构、产业基础、配套支持等指标均可引入北京市"三城一区"创新能力监测指标体系。其次，资源能力方面，人力资源和资本投入是 2 个最重要的指标，北京市"三城一区"创新能力监测指标体系可基于中国双创指数进一步深入细化，对区域的人才和资本投入情况进行更全面细致的评估。最后，绩效价值也是反映北京市"三城一区"创新能力的重要方面，产业绩效、创新绩效及环境的可持续性都是监测评估的重点。

4. 北京全国科技创新中心指数

北京全国科技创新中心指数由北京科技战略决策咨询中心、北京市科学技术研究院与联合国大学马斯特里赫特创新与技术经济社会研究所研究编制。该研究紧紧围绕北京全国科技创新中心建设的核心功能与内涵，学习借鉴全球创新指数、欧盟创新记分牌、中国创新指数等国内外创新评价研究成果，编制形成能够全面反映北京全国科技创新中心建设进展的指标体系，从知识创造、创新经济、创新人才、创新生态和创新引领 5 个维度纵向监测 2014—2018 年北京全国科技创新中心建设发展总体情况，综合评估北京全国科技创新中心对全国的示范引领作用及其在全球的影响力（表 2-8）。

北京全国科技创新中心指数指标体系中的知识创造、创新经济、创新人才及创新生态等维度均对北京市"三城一区"创新能力监测指标体系的构建有一定指导意义。知识创造维度强调研究经费的投入及论文和专利等知识产出，创新经济维度主要从经济和企业的角度评估创新的投入和产出，创新人才维度重点关注科学家及研发人员的数量，创新生态维度则关注创新的环境和要素。上述指标对北京市"三城一区"创新能力监测指标体系的构建均有借鉴意义。创新引领是指科技创新中心对全国及国际创新的引领地位，目前还不是反映北京市"三城一区"创新能力的关键性指标，暂不纳入指标体系。

表 2-8　北京全国科技创新中心指数

一级指标	二级指标
知识创造	全社会研究与试验发展（R&D）经费支出占地区生产总值的比例
	基础研究经费支出占 R&D 经费支出的比例
	进入世界大学 500 强的大学数量
	高被引论文数量
	每万人发明专利拥有量
	PTC 专利申请量
	国家科学技术奖获奖项目数量占全国的比例
创新经济	全员劳动生产率
	知识密集型服务业增加值占比
	国家级高新技术企业 R&D 经费投入强度
	新经济增加值
	中关村示范区总收入
	独角兽企业数量
	技术合同成交额
创新人才	引进和培育诺贝尔奖级获奖人数
	全球高被引科学家数量
	全国"两院"院士人数
	每万从业人口中研发人员数
	万名人口中本科及以上学历人数
	全市公民科学素养达标率

续表

一级指标	二级指标
创新生态	新设立科技型企业占比
	创业投资额
	国家重大科技基础设施数量
	地方财政科技支出占一般财政支出比例
	营商环境质量
	信息化水平
	空气质量达标率
创新引领	在京《财富》500强企业总部数量
	外资研发机构数量
	国际技术收入
	企业研发境外支出
	输出到其他省区市和境外的技术合同成交额占比
	向津冀输出技术合同成交额
	京津冀协同创新水平

全球科技创新中心评估指数、上海科技创新中心指数、中国双创指数及北京全国科技创新中心指数均以创新城市为评估对象，重点考察城市的创新能力。与全球创新指数、欧洲创新记分牌和中国创新指数等国家创新能力评估指标体系类似，上述4个城市层面的创新能力评估指标体系也对城市的创新环境、创新资源的投入和聚集情况、创新产出及创新绩效进行重点考察和监测，如中国双创指数将环境支持、资源能力及绩效价值作为一级指标构建指数指标体系。除此之外，针对城市创新能力的评估还强调产业技术发展和新兴产业的引领力，对高科技制造业、信息和科技服务业、知识密集型产业和战略新兴产业的企业数量，以及从业人员营业收入、技术合同成交金额等进行考察。在构建北京市"三城一区"创新能力监测指标体系时，也可引入相关指标对区域内高新技术和新兴产业情况进行评估。值得注意的是，针对城市创新能力的评估通常会设置相关指标考察城市对全国及国际创新的引领作用、辐射带动力和国

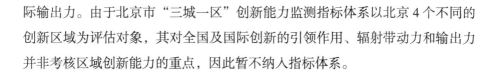

际输出力。由于北京市"三城一区"创新能力监测指标体系以北京 4 个不同的创新区域为评估对象，其对全国及国际创新的引领作用、辐射带动力和输出力并非考核区域创新能力的重点，因此暂不纳入指标体系。

三、园区层面创新能力评估

1. 硅谷指数

美国硅谷是世界第一家科技园区，也是目前最为成功的科技园区。硅谷指数综合反映了美国硅谷发展状况，硅谷指数所显示出的多元化的人才结构，高效增长、繁荣共享的创新经济，保护环境、融洽舒适的宜居社区等特征，显示了硅谷半个多世纪以来不断取得突破、走在世界科技园区前列的实践路径，对我国科技园区建设具有一定的借鉴意义。

硅谷指数由硅谷联合投资（Joint Venture Silicon Valley）编制，可以对某一时期硅谷地区经济与社会发展情况进行定量分析。硅谷指数于 1995 年首次发布，之后每年年初发布，为企业管理和决策提供分析数据，是研究硅谷地区发展情况的重要资料，已经成为硅谷风险投资、企业发展与新兴产业培育的重要风向标。

硅谷指数指标体系包括人口、经济、社会、生活区域、政府治理等 5 个一级指标，下设 16 个二级指标和 50 余个三级指标（表 2-9）。需要注意的是，硅谷指数指标体系具有较大的灵活性，除一级指标相对固定，每年的二级及二级评价指标并不完全一致。

硅谷指数对北京市"三城一区"创新能力的评估具有一定指导和借鉴意义。从人口方面来看，北京市"三城一区"创新能力监测指标体系可重点关注人才相关情况，如研发人员的数量、占比和增长率，基础研究、应用研究及实验研究人员的增长率，外籍研究人员、海外留学归国人员及领军人才的数量和占比等。经济指标是反映地区经济环境和创新环境的重要依据，因此在北京市构建"三城一区"创新能力监测指标体系时，可重点关注地区的收入水平和就业情况。此外，创新创业是北京市"三城一区"发展规划的首要目标，因此可引入相关指标对其进行重点考察和监测。在生活区域方面，环境、交通、土地使用及住房情况是发展区域创新能力的基础保障，均可引入北京市"三城一区"创新能力监测指标体系。硅谷指数指标体系中也有部分指标不符合我国国情及北京市"三城一区"规划目标，如硅谷指数指标体系纳入了测度艺术与文化、健康水平、安全状况等的指标，然而这些指标对现阶段北京市"三城一区"创新能力的指示作用不强，故暂不纳入指标体系；政府治理指标也与我国国情不符，因此也不予采纳。

表2-9　硅谷指数指标体系

一级指标	二级指标	三级指标
人口	人才流动与人才多样性	人口变化、净移民数、出生率、年龄分布、受教育程度、授予理工科学位数、外国人口出生占比、非英语人口占比
经济	就业	职位增长、年平均就业数、硅谷经济活动主要区域的就业增长率、硅谷公共部门就业率、每月失业率、就业总数层级分布、劳动人口失业率（按种族）
	收入	人均收入、人均收入分布（按种族）、中等家庭收入、平均工资、中位平均工资职业分布、中位平均工资层级分布、贫困与自给自足比率、收入分配范围、中位收入分布（按受教育程度）、中位收入性别分布（按性别）、免费或低价校餐占比
	创新与创业	雇员附加值、专利注册占有率、专利注册技术领域分布、风险资本投资额、风险资本投资产业分布、风险资本投资公司排名、清洁技术领域风险投资额、清洁技术领域风险投资环节分布、清洁技术领域风险投资总数、天使投资额、首次公开募股数、天使投资阶段分布、跨国公司首次公开募股国别分布、并购与收购数、非雇主企业数行业分布、无雇员企业的相对增长数
	商用空间	商业空间供给变化、商用空间空置率、商用空间租金、商用空间增长的部门分布
社会	经济腾飞基础	达到美国加利福尼亚州大学/加利福尼亚州州立大学入学要求毕业生占比、高中生毕业率（按种族）、高中生毕业率与辍学率、数学与理科成绩
	早期教育	幼儿园入园率
	艺术与文化	文化参与度、消费支出、非营利艺术组织和文化艺术机构

续表

一级指标	二级指标	三级指标
社会	健康水平	健康保险覆盖率、学生超重与肥胖占比
	安全状况	暴力犯罪、严重犯罪、警察数量
生活区域	环境	水资源、电力产量、人均耗电量、太阳能电站数
	交通	人均机动车行驶里程与汽油价格、通勤方式、地区间通勤模式
	土地使用	住宅密度、临近公共交通的房屋、非住宅用地开发
	住房	房屋买卖趋势、房屋建筑类型、房租支付能力、保障性住房建设、住房成本超出家庭收入 35% 的家庭占比、住房费用负担能力、与父母共同居住的年轻人占比
政府治理	城市财政	财政收入
	公民参与	党派归属、投票参与程度

2. 国家高新区创新能力评价指标体系

国家高新区创新能力评价指标体系由科学技术部编制，基于国家创新调查制度评估国家高新区创新能力及创新发展情况。国家创新调查制度是建立在科学、规范的统计调查基础上，对国家创新能力进行全面监测和评价的制度安排。建立国家创新调查制度的目标是创造有利条件，定期开展全国创新活动统计调查，全面、客观地监测、评价我国的创新状况，准确测算科技创新对经济社会的贡献，为推进创新型国家建设进程，完善科技创新政策提供支撑和服务。

国家高新区创新能力评价指标体系包括创新资源集聚、创新创业环境、创新活动绩效、创新的国际化、创新驱动发展等 5 个一级指标，下设 25 个二级指标（表 2-10）。

在国家高新区创新能力评价指标体系中，除了创新的国际化指标不是北京市"三城一区"创新能力监测的重点，其余 4 个一级指标都可供借鉴参考。创新资源集聚方面，可重点从人才和资金角度评价北京市"三城一区"创新资源投入和集聚情况。创新创业环境方面，国家高新区创新能力评价指标体系重点从企业创新平台角度进行评估，北京市"三城一区"创新能力监测指标体系可进一步从自然环境、经济环境、法律环境、人居环境、基础设施、经济预期等角度对创新环境进行评估。创新活动绩效方面，国家高新区创新能力评价指标体系重点考察了高新区创新产出情况，北京市"三城一区"创新能力监测指标体系可从专利授权、标准制定、申请商标、科研论文、技术交易等角度对创新产出进行更为全面的评估。创新驱动发展指标评估了创新对经济和企业发展的驱动作用，可作为经济绩效引入北京市"三城一区"创新能力监测指标体系。

表 2-10　高新区创新能力评价指标体系

一级指标	二级指标
创新资源集聚	企业研发与试验发展人员全时当量
	企业研究与试验发展投入占增加值比例
	财政科技支出占当年财政支出比例
	各类研发机构数量
	当年认定的高新技术企业数量
创新活动绩效	当年新增企业数占企业总数的比例
	各类创新服务机构数量
	企业开展产学研合作研发费用支出
	科技企业孵化器及加速器内企业数量
	创投机构当年对企业的风险投资总额
创新创业环境	高技术产业营业收入占营业收入比例
	企业 100 亿元增加值拥有知识产权数量和各类标准数量
	企业当年完成的技术合同交易额
	高技术服务业从业人员占从业人员的比例
	企业营业收入利润率
创新的国际化	内资控股企业设立的海外研发机构数量
	内资控股企业万人拥有欧美日专利授权数量及境外注册商标数量
	技术服务出口占出口总额的比例
	企业委托境外开展研究活动费用支出
	企业从业人员中海外留学归国人员和外籍常驻员工占比

续表

一级指标	二级指标
创新驱动发展	园区全口径增加值占所在城市的 GDP 比例
	企业单位增加值中劳动者报酬占比
	规模以上企业万元增加值综合能耗
	企业人均营业收入
	企业净资产利润率

3. 中关村指数

中关村指数由北京市统计局编制，主要用于综合描述北京市高新技术产业发展状况，总体评价北京市高新技术产业发展水平。2021 年发布的中关村指数指标体系包括创新引领、双创生态、高质量发展、开放协同、宜居宜业 5 个一级指标，下设 11 个二级指标及 35 个三级指标（表 2–11）。

表 2–11　中关村指数指标体系

一级指标	二级指标	三级指标
创新引领	创新投入	全球顶尖科学家数量、高校和科研机构的自然指数（Nature Index）排名、企业研发经费投入强度
	创新产出	顶级科技奖项获奖数量（当量）、基本科学指标数据库（ESI）中的高被引论文数量、累计主导创制国际标准数、PCT 专利申请量、每万从业人员当年发明专利授权数
双创生态	创业活力	全球杰出双创人才数量、29 岁及以下从业人员数、创新创业服务机构数、新注册科技型企业数
	成果转化与孵化	技术合同成交额、全球独角兽企业数、孵化机构毕业企业数量、企业当年获得股权投资额
高质量发展	创新经济	高技术产业收入占比、国家高新技术企业总收入增速、科技型上市企业和新三板挂牌企业总市值
	质量效益	世界一流创新型领军企业数、劳动生产率、企业收入利润率、地均产出、人均税收

续表

一级指标	二级指标	三级指标
开放协同	国际拓展	上市企业海外收入、出口总额、流向境外的技术交易合同成交额、企业境外直接投资额
	资源引入	留学归国人员和外籍从业人员数、外商实际投资额、跨国公司地区总部数
	区域辐射	流向外省市的技术交易合同成交额、企业在外省市设立的分公司/子公司数量
宜居宜业	营商环境	全球营商环境综合评价
	生活品质	全球城市品质综合评价

中关村指数反映了北京市中关村的发展状态和趋势，展示了中关村的创新能力，对北京市"三城一区"创新能力监测指标体系的构建具有较大借鉴意义。创新引领指标从创新投入和产出两方面考察北京市高新技术产业发展情况，可作为重点指标引入北京市"三城一区"创新能力监测指标体系。双创生态指标关注创业活力和成果转化与孵化两方面，其中创业活力通过科技人才数量、企业及服务机构数量等度量，可纳入北京市"三城一区"创新能力监测指标体系；成果转化与孵化是创新产出的重要方面，北京市"三城一区"创新能力监测指标体系可进一步通过技术交易、新产品销售收入等对其进行度量。高质量发展指标反映了创新的经济绩效，应作为重点指标纳入北京市"三城一区"创新能力监测指标体系。开放协同指标中资源引入可作为重点指标纳入北京市"三城一区"创新能力监测指标体系。宜居宜业指标强调创新环境，北京市"三城一区"创新能力监测指标体系可通过自然环境、经济环境、法律环境、人居环境、基础设施、经济预期等指标进行度量。

硅谷指数、国家高新区创新能力评价指标体系和中关村指数是反映园区层面创新能力的重要指标体系，对北京市"三城一区"创新能力监测指标体系的构建具有较大启示意义与参考价值。尽管美国在政府治理方面与我国存在较大差异，导致硅谷指数指标体系中部分指标并不符合我国国情，如党派归属、投票参与程度等，但人才流动与多样性、创新与创业等指标的设置对北京市"三城一区"创新能力监测指标体系的构建仍有较大参考价值。与硅谷指数相比，国家高新区创新能力评价指标体系和中关村指数对北京市"三城一区"创新能力监测指标体系的构建具有更强的指示意义。无论是国家高新区创新能力评价指标体系中的创新资源集聚、创新活动绩效、创新创业环境、创新驱动发展等一级指标，还是中关村指数指标体系中的创新引领、双创生态、高质量发展、开放协同及宜居宜业等一级指标，都可引入北京市"三城一区"创新能力监测指标体系。总体来说，在构建北京市"三城一区"创新能力监测指标体系时，可借鉴目前国内外较为成熟的评估指标体系，并应结合我国的实际情况及北京市"三城一区"的发展阶段选取和设置指标。

第三章
中关村科学城的发展定位与建设路径

《北京城市总体规划（2016—2035年）》提出，中关村科学城通过集聚全球高端创新要素，提升基础研究和战略前沿高技术研发能力，形成一批具有全球影响力的原创成果、国际标准、技术创新中心和创新型领军企业集群，建设原始创新策源地、自主创新主阵地。《北京加强全国科技创新中心建设总体方案》提出，中关村科学城主要依托中国科学院有关院所、高等学校和中央企业，通过聚集全球高端创新要素，实现基础前沿研究重大突破，形成一批具有世界影响力的原创成果。

《中关村科学城规划（2017—2035年）》显示，中关村科学城就业人口共约252万人（包括生命科学园1.7万名就业人口），采矿业、制造业、批发零售业及其他服务业人口占比为24.2%。要形成与科学城定位、首都功能疏解和提升相适应的人口结构，疏散不符合首都功能定位的业态的就业人口，适度增加符合科学城发展需求的创新人才。从科学城总体职住情况来看，就业人口中在科学城内居住的人口占比为72.10%，在科学城范围外居住的人口占比为27.90%，职住比为1∶1（由2017年上半年移动通信大数据监测获得）。建设世界一流科学城，既需要吸纳大量创新人才，又要落实北京生态空间结构规划。一是确定城市增长边界，明确划分集中建设区、限制建设区和生态控制区，实施差异化用地结构调控政策，提高城市建设质量，让自然生态空间与创新空间和谐共生；二是加强科学城内外联动，结合功能定位和实际情况，跨区域统筹职住关系。

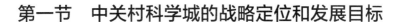

第一节　中关村科学城的战略定位和发展目标

一、战略定位

中关村科学城定位是"聚焦"，主要依托中国科学院有关院所、高等学校和中央企业，通过聚集全球高端创新要素，实现基础前沿研究重大突破，形成一批具有世界影响力的原创成果。按照创新、协调、绿色、开放、共享的发展理念及首都城市战略定位和科技创新中心建设要求，中关村科学城瞄准世界一流科学城发展目标，聚焦功能定位，聚焦创新主体，聚焦创新要素，聚焦先行先试，明确功能定位、发展目标、总体规模和空间布局。

1. 科技创新出发地

顺应大科学时代科技创新趋势，聚焦人工智能基础理论、生命起源与演化机制、物质结构及相互作用、宇宙起源与演化机制等前沿基础研究领域，发挥一流大学和一流学科、高水平科研院所和优秀创新人才的作用，鼓励科学家自由探索，支持好奇心驱动基础研究和非共识创新研究，持续强化新概念、新构思、新方法的创造，成为全球科技思想创新、理论建构、知识创造最重要的发祥地。

2. 原始创新策源地

发挥国家实验室、重大科技基础设施和国家重大科技项目的条件作用，着力发展信息、生物和新材料等领域关键技术，开展深海、深地、深空等领域战略高技术攻关，推动军民融合关键共性技术突破，强化资源环境、现代农业等领域的技术支撑，在世界科技前沿、国家战略需求重点领域持续形成重大原创成果，引领世界科技进步潮流和方向。

3. 自主创新主阵地

着力突破一批具有自主知识产权、安全自主可控的关键核心技术，培育一批具有全球竞争力的创新型领军企业，在重点领域形成有技术主导权的新兴产业集群，辐射带动怀柔科学城、未来科学城、北京经济技术开发区（亦庄）和中关村各分园创新发展，形成以北京为核心的京津冀创新型城市群发展格局，引领城市群高质量发展。

4. 创新创业引领区

汇聚创业孵化、技术转移、知识产权服务、科技金融服务机构和组织，建设世界一流的创业孵化和投融资平台，形成集聚全球创新资源要素的创新创业生态。加速科技成果转化，促进产学研深度融合，不断催生创新型科技企业，厚植创新创业文化，形成全球知名的创新活力城区。

5. 国际创新集聚区

集聚全球顶尖科技人才和优秀创新团队，汇集有国际影响力的跨国公司、研发总部和创新平台，营造学术交流氛围和创新创业环境，深度链接全球创新资源，成为全球技术转移中心和创新网络的关键节点。

6. 绿色宜居示范区

实现城市有机更新和生态提升，构筑城市创新形象和人文魅力，打造创新人才宜居生活环境和新型城市形态，建设基础设施和公共服务设施完善、历史文化深厚、和谐宜居的科技之城。

二、发展目标

根据《中关村科学城规划（2017—2035年）》，中关村科学城各阶段建设目标如下。

到2020年，建设具有全球影响力的科学城取得重大进展，在科技创新中心建设中的龙头带动作用更加突出，进一步提升北京市在全球创新网络中的地位，在产业关键技术领域取得重大突破，科技创新实力和全球影响力进一步提升。

到2025年，建成具有全球重要影响力的科学城，引领北京市成为具有全球影响力的科技创新中心，诞生若干影响世界的重大科学发现和一批标志性科技成果，为我国建设创新型国家提供强大支撑，形成全球创新网络的关键节点。

到2035年，建设成为世界一流的科学城，具有世界一流的高校和科研院所、科技人才、产业集群、创新生态和城市环境，产生一批对世界科技发展有重要影响的原创成果，助力北京市成为全球创新网络的中坚力量和引领世界创新的新引擎，支撑我国跻身创新型国家前列。

到 2050 年，建设成为引领全球科技创新的科学城，成为全球创新网络的核心节点和引领世界创新的主要引擎，成为我国建设世界科技强国的强大支撑，成为全球最著名的科学中心和创新高地。

第二节　中关村科学城的创新链布局

一、加强前沿性基础研究

1. 人工智能前沿基础理论研究

支持开展数学、统计学和计算科学基础理论研究。鼓励高校和科研院所聚焦人工智能重大科学前沿问题，开展基础研究和应用基础研究。鼓励围绕大数据智能理论、跨媒体感知计算理论、混合增强智能理论、群体智能理论、高级机器学习理论、类脑智能计算理论和量子智能计算理论等开展前沿探索。支持高校和科研院所在深度学习、认知智能等前沿领域组织实施国际大科学计划。

2. 生命起源与演化机制研究

支持在有机小分子聚合、遗传密码起源、自复制分子体系起源、细胞膜起源和水溶液体系生物分子合成等重要领域开展前沿探索。支持开展生物大分子结构、生物种质资源等方面的基础研究。支持中国科学院、中国农业科学院、北京大学、清华大学和军事科学院在蛋白质组学、微生物组学等相关领域发起并主导国际大科学计划。

3. 物质结构及相互作用研究

支持针对物质结构领域的前沿问题开展基础研究，重点开展奇异粒子寻找、希格斯粒子研究、弥聚子研究等粒子物理前沿研究，化学键能量基础理论、生物功能分子作用规律等分子科学研究，以及核物理、凝聚态物理相关领域研究，开展对物质创造及转化有指导作用的新方法、新理论研究。支持清华大学、北京大学、中国科学院等高校和科研院所积极参与国际热核聚变实验堆、大型强子对撞机粒子物理实验等国际大科学计划。

4. 宇宙起源与演化机制研究

鼓励围绕宇宙大尺度物理、中微子属性和宇宙线本质等基础科学问题开展前瞻性探索，鼓励开展粲物理、强子物理等天体物理前沿研究，支持开展星系组分、脉冲星、中性氢、恒星形成研究，探索并构建宇宙形成与演化模型。支持清华大学、北京大学、中国科学院等高校和科研院所积极参与平方公里阵列射电望远镜计划等国际大科学计划。

二、加快战略高技术突破

1. 发展信息、生物和新材料等领域关键技术

支持类人智能处理、量子计算、海量数据处理、碳基集成电路、信息保护和网络防御等信息领域核心技术攻关。支持脑科学、新一代干细胞与再生医学技术、合成生物学技术、表观遗传学技术、分子影像技术等生物领域关键技术研发，加快针对心脑血管疾病、艾滋病、病毒性肝炎的新药研发。发展高温合金、先进轻合金、铁基超导、液态金属、石墨烯、第三代半导体材料、高性能纤维及复合材料等先进材料技术。

2. 开展深海、深地、深空等领域战略高技术攻关

鼓励围绕全球海洋变化、深渊科学等开展基础研究，强化对海洋特有群体资源、遗传资源等科学问题的认知。突破深海运载作业、海洋生物资源开发、深海探测、深海空间站等关键核心技术。加强对深地资源勘探理论、极区环境变化对全球的影响等问题的研究，拓展深地矿产开采理论与技术。推动中国科学院、中国地质科学院等在极区观测网、深冰芯钻探等领域开展大型极区国际合作计划。开展空间科学新技术、新理论研究，支持发展新一代空天系统和临近空间技术，开展新机理新体制遥感载荷与平台、空间核动力等关键核心技术研究。

3. 推动军民融合关键共性技术突破

促进军地院校、科研院所和企业合作，重点突破航空发动机、卫星导航、高端元器件、先进工艺及基础软件等领域的核心技术。瞄准网络信息安全领域的关键核心技术，带动相关的前沿性、颠覆性技术发展，实现自主可控和进口替代。推进纳米能源、机器人、激光雷达遥感、生物技术等优势领域发展。开展新一代信息技术、人工智能、新能源、新材料等军民两用技术研究与探索。支持高校、科研院所和企业承担军工科研任务，积极参与天地一体化信息网络、量子通信与量子计算机、脑科学与类脑研究等新一轮重大科技项目。

4. 强化资源环境、现代农业等领域技术支撑

加快大气和水污染防治、生态环境修复、资源高效开发利用等领域的关键技术攻关，加强大气污染形成机制、污染源追踪与解析关键技术研究。在作物分子育种、作物功能基因组学、动物种质资源挖掘、农业传感器与物联网等领域取得关键核心技术突破。

三、加强重点产业研发创新

1. 推动新一代信息技术产业引领发展

强化新一代信息技术全产业链布局，以产业链和创新链协同发展为路径，提升新一代信息技术全产业链条的创新力、控制力和辐射力。重点发展人工智能、下一代通信网络、大数据和云计算、集成电路等前沿信息产业，抢抓新一代信息技术主导权，形成具有全球影响力的新一代信息技术产业集群。突破人工智能芯片、传感器、智能应用及系统集成等关键核心技术，提升核心算法的研发能力和应用水平。发展下一代移动通信、量子通信等新一代通信技术，突破射频器件、处理器芯片、高端模数／数模转换器等高端器件、中高频核心器件等关键技术和设备产品。开展大数据采集传输、存储处理、分析应用、可视化和安全等关键技术攻关，突破云计算应用服务开发和运行环境、用户信息管理、运行管控、安全管理与防护、应用服务交互等共性支撑技术。开展新型显示、汽车电子、移动终端、工业控制等重点应用领域专用芯片及存储器、处理器、传感器、数字信号处理等高端通用芯片研发设计。加强数据安全保护和网络安全防护体系研究，支持研发网络安全整体解决方案和专用产品，提升网络安全防护整体解决能力、技术服务能力和协同创新能力。

2. 加快医药健康产业的研发创新

重点发展创新药物、高端医疗器械和精准医学等优势领域，聚焦医药健康研发创新环节，提升研发、临床医学等关键环节的创新能力，建设一批研究中心、研究型医院、临床医院、创新药物成果转化平台，强化重大疾病攻关和关键技术突破，打造全球领先的医药健康研发策源地。围绕恶性肿瘤、心脑血管疾病、代谢性疾病、自身免疫性疾病等重大疾病的防治需求，研发具有新结构、新作用机制的治疗药物，提高新药研发能力与水平。推动手术机器人、肿瘤治疗设备、高端成像设备、医用内窥镜、心血管器械、儿童专用医疗器械等高端医疗设备及核心部件研发。发展新一代高通量基因测序技术，支持开发具有自主知识产权的基因检测设备、试剂及生物信息软件，利用基因测序、影像、大数据分析等技术手段，开展罕见病、遗传疾病等的产前筛查，以及肿瘤等重大疾病的精准治疗。

3. 加强优势战略性新兴产业的研发与孵化

重点关注新材料、高端装备和能源环保等产业的研发和孵化环节，汇聚一批世界一流企业的总部、研发中心和创业孵化平台，推动产业高端化发展。发展先进碳材料、高性能纳米材料、3D打印材料、光电子材料、航空航天材料、生物医用材料等新材料，着力推进新材料领域颠覆性技术创新，形成一批具有全球影响力的研发成果和专利。支持北京石墨烯产业创新中心建设，推动以石墨烯为代表的前沿新材料关键技术攻关及产业化应用。加强智能无人系统、智能制造装备、轨道交通装备、航空航天装备、北斗导航与位置服务装备等先进制造技术攻关。支持先进传感器、控制器和关键网络通信系统等物联网关键设备和元器件研发制造。围绕现代轨道交通综合试验等建设研发创新平台。聚焦全球气候变化、能源枯竭、环境污染等问题，围绕2022年北京冬奥会和冬残奥会等的需求，开展大气污染联防联治示范应用工程。推进水环境治理技术研究及关键设备制造，促进水资源循环利用。加强太阳能、风能、生物质能等新能源应用创新，推动能源互联网产业创新发展。

第三节　中关村科学城的创新体系建设

一、建设高水平科学研究机构

推动不同类型高校差异化、特色化发展，支持清华大学、北京大学等高校率先进入世界一流大学行列，在信息通信、计算机科学、软件工程、基础医学、临床医学、生物医学等重要学科前沿方向取得原创性科研成果。鼓励高校、科研机构和企业协同创新，开展多学科交叉研究。探索科研资源共享新模式，建立科研基础设施和重大仪器设备开放运营机制，提高设备使用率和产出效益。鼓励国内高校与世界一流大学联合共建国际创新中心。

鼓励科研院所加快建设面向世界科技前沿的卓越创新中心、大科学研究中心和特色研究机构，建立健全现代科研院所制度，助力中国科学院等科研院所率先建设世界一流科研机构，成为抢占国际科技制高点的重要战略力量。支持信息与计算技术、网络信息安全、生命与健康科学、分子与细胞科学等领域相关研究院所加快发展，支持科研院所统筹创新资源，围绕基础前沿交叉领域及信息网络、医药健康、材料等重大创新领域，布局若干前沿创新集群，加强科研创新平台建设。

建设一批采用与国际接轨的科研治理模式和运行机制，由全球顶尖科学家等战略性科技创新领军人才领衔，综合开展基础前沿研究、关键共性技术研发和科技成果转化的新型研发机构。鼓励并支持北京生命科学研究所、国家蛋白质科学中心（北京）等持续发展，加快推进北京量子信息科学研究院、北京脑科学与类脑研究中心建设，支持北京大数据研究院、全球健康药物研发中心、北京协同创新研究院、北京石墨烯研究院、北京碳基集成电路研究院等新型研发机构建设。

二、承接国家实验室和重大科技基础设施

聚焦国家创新发展目标和战略需求，承接一批突破型、引领型、平台型的

国家实验室落地，探索建立符合大科学时代科研规律的科学研究组织形式、学术和人事管理制度，建立目标导向、绩效管理、协同攻关、开放共享的新型运行机制。支持清华大学、北京大学、中国科学院等高校和科研院所加快建设量子信息科学国家实验室（北京中心），加速推进网络空间安全国家实验室筹建工作。支持北京大学、清华大学、中国科学院等高校和科研院所围绕类脑计算、生命与健康、健康医疗等领域筹建国家实验室。支持北京大学等高校在激光加速器领域，中国农业大学、中国农业科学院等高校和科研院所围绕模式动物、农作物种质、生物育种、生物安全、农业资源环境等领域筹建国家重大科技基础设施。

充分发挥"中知学"①沿线高校和科研院所集聚优势，形成世界一流大学和高水平研究机构汇聚区。围绕人工智能、大数据、医药健康、新材料、集成电路等重点领域，在北清路前沿科技创新走廊沿线布局一批新型研发机构和创新平台。聚焦前瞻性基础研究和战略高技术领域，在永丰功能组团、翠湖功能组团、上地软件园功能组团、生命科学园功能组团等创新功能集聚区布局国家实验室和重大科技基础设施。形成贯通"中知学"、北清路前沿科技创新走廊和功能组团的多元主体联动发展的原始创新格局。

三、形成高效协同的产业空间布局

以中关村西区、中关村软件园、上地信息产业基地、永丰产业基地、翠湖科技园等功能区为主要空间载体，实现以人工智能为核心的新一代信息技术产业集聚发展，形成有技术主导权的新一代信息技术创新集群。依托生命科学园、永丰产业基地、西三旗创新节点、四季青创新节点等功能区，推动医药健康、新材料、高端装备、新能源与节能环保等产业的研发和创业孵化环节集聚发展，布局建设研发集聚区和创新创业基地。

引进和培育新兴产业龙头企业，鼓励传统企业向平台化转型，推进平台型企业线上线下一体化发展，不断拓展平台应用广度和深度，吸引供应商、

---

① "中知学"是指"中关村—知春路—学院路"地区。

消费者及服务提供商加入平台。整合供应链各环节资源，以领军企业为核心，协同产业上下游企业及同业者，促进行业升级，带动优势互补、依存度高、协作度紧的产业集群崛起，构筑产业生态。搭建一批创客定制平台、专业化众创空间、科技服务平台、众包服务平台等开放式创新平台。

第四节　中关村科学城的创新环境培育

一、优化提升空间总体布局

在中关村科学城和北京市科技创新中心的建设中，中关村大街主要专注于创新链条的整合、创新要素的聚集与科技人文展示等核心价值，重点打造引领科技创新的重要引擎和具有标志性的创新街区，展现新型城市形态和首都创新风貌。利用中关村大街不同区段的创新资源，展现链条环节特征，即由南向北体现为由原始创新策源地到知识成果转化区的联动与辐射，加速实现创新链条融合，与京张铁路海淀段共同形成发展复合轴带，沿成府路、知春路、学院路纵深联动。立足于现有基础与价值，中关村大街南北划分为 4 个创新链区段，分别为创新创业孵化区、高端创新服务核心区、前沿创新转化区、特色集群发展区。

在减量发展促提升的背景下，中关村大街着力在存量空间利用方面率先突破，实现创新功能的提升与优化。可利用的存量空间资源主要包括高校和科研院所、老旧工业基地、棚户区等，增量用地主要位于中关村大街北部。依托中关村大街的存量与增量用地，重点提升原始创新能力，加速高端要素集聚，提供低成本创新空间，提升服务能力。

加强中关村大街沿线的高校和科研院所的存量空间利用，强化高校和科研院所的原始创新与前沿创新能力，培育顶尖人才和科研成果，促进"金角银边"区域的科技成果转化与创新势能有效传递。建设一批国家实验室和交叉学科创新平台，推动信息安全国家实验室在树村落地建设，利用水磨社区打造交叉学科研究平台。

利用知春路青云社区及北京卫星制造厂等国有企业的存量用地，鼓励中国航空发动机集团有限公司、中国航天科工集团有限公司、中国航天科技集团有限公司、中国船舶重工股份有限公司等行业领军企业围绕军民融合重点领域建设研发创新中心。上地软件园地区推进老旧工业与产业基地转型升级，推进高精尖产业发展。北部永丰地区培育战略新兴产业，规划预留高成长企业发展专业化园区，为未来企业发展留出弹性空间。

加强重点区域创新服务功能布局。中关村南部地区优化拓展中关村科技金融街，依托中关村东西区，形成科技金融中心，培育北下关科技金融服务示范区专业化功能，强化知识产权与标准一条街建设。利用中国科学院老旧社区，推动高端创新要素集聚与服务功能的提升。永丰地区布局科技金融及投资机构，打造检验检测功能服务区。

二、营造一流创新创业文化

建立政府、社会、市场等多元主体共同参与的联合治理体系，增进联创共建，形成共同参与的创新发展合力。发挥中关村科学城共建联席会、中关村企业家顾问委员会等机构的作用。建立健全政府相关部门信息共享和工作联动机制。鼓励产业技术创新联盟、行业协会等社会组织开展行业政策研究、标准创制推广、区域合作等一系列创新性活动。

强化中关村品牌形象设计。深度挖掘中关村创新文化和创新理念，设立面向全球的媒体发布平台，展示宣传中关村科技创新成果，推广中关村创新品牌。筹划好中关村论坛，丰富论坛发布、展示功能，进一步提升论坛号召力、吸引力、影响力，使之成为能够引领科技创新中心建设的高端品牌活动。举办具有国际影响力的科技主题大会、前沿科技创新赛事、全球创新项目路演、科技博览会等活动，形成中关村科学城品牌活动。举办国际科学会议和国际科技创新交流活动，邀请国际知名高校、科研院所、企业及相关组织机构开展高层次国际学术交流，提供国际化学术交流平台，打造科学思想和创新文化荟萃地。

鼓励在前沿科学领域形成若干拥有世界话语权的科学共同体，支持围绕优势学科形成若干中关村学派。传承和发扬中关村创新创业文化。支持举办公益讲坛、创业论坛、创业培训等形式多样的创新创业活动，打造一批创业活动品牌。完善品牌文化活动举办机制，积极开展中关村创新创业文化"走出去"推介活动。

依托中关村东区功能提升，逐步释放老旧居住空间，打造新型创新形态，引入国际企业服务中心，与中关村西区共同形成国际高端要素集聚区和服务引领区。依托中关村西区楼宇功能的提升，吸引国际人才，打造国际人力资源服务机构集聚区，成立国际化服务大厅，完善国际化资本服务中心、国际化知识产权服务中心和专业化咨询服务中心，形成国际化服务平台中枢。依托清华大学、北京大学等高校，利用校内会议场所打造学术交流平台，搭建以全球科技创新成果展示交流为主要内容的展厅，形成国际化前沿领域交流平台，定期组织召开全球尖端领域研讨会，支持高校、科研院所、企业联合组织国际化行业峰会。依托北京大学西门片区颐和园路沿线的商业改造及北京硅谷电脑城楼宇功能的提升，打造科技创新孵化服务平台。依托圆明园区域的文化氛围提升国际交往活力，将区域打造成为国际学术交流与创新服务集聚区。依托清华大学五道口金融学院的创新服务资源，吸引国际金融机构入驻，打造国际金融服务集聚区。依托周边现有酒店提质升级，提高接纳国际会议与国际人才的能力。

三、实现科技创新与文化、生态的融合

绿色历史文化发展带以北京市"三山五园"① 为"绿核"和"文脉"，涵盖翠湖湿地、西部山区等山水林田湖绿色生态和历史文化资源，串连科学城南部与北部，重塑绿色生态与人文发展骨架，增强绿色生态空间和人文魅力，促进科技文化融合发展，形成与中关村大街高端创新功能集聚发展轴、北清路前沿科技创新走廊动静相宜的互动格局。

构建高质量的绿色生态环境，发展湿地观光、农业科技体验、运动休闲、

---

① "三山五园"是对北京市西北郊以清代皇家园林为代表的历史文化遗产的统称。"三山"是指万寿山、香山、玉泉山，"五园"是指颐和园、静宜园、静明园、畅春园和圆明园。

康养服务等业态，强化科技创新功能区与绿色生态环境在空间布局与功能组织上的有机融合。鼓励在绿色生态环境建设中应用新技术和新产品。

加强历史文化的传承与创新，培育创意文化功能，服务创新创业，加快实现科技创新与文化的融合发展。搭建以皇家园林为代表的世界文化遗产体验平台、中关村创新创业文化展示发布平台、非物质文化遗产交流平台等多元化的创新交流平台，打造人文体验环境和营造创新文化氛围，激发综合创新活力。结合大西山生态环境资源促进文化交流，培育文化创意和文化旅游等产业。

第四章

怀柔科学城的发展定位与建设路径

2017 年，国家发展和改革委员会和科学技术部正式批复设立北京怀柔综合性国家科学中心，旨在发挥体制优势，在原始创新上取得重大突破。怀柔科学城作为综合性国家科学中心的核心承载区，迫切需要在基础研究、关键核心技术和颠覆性技术领域下好"先手棋"，跑出"加速度"，实现原始创新和自主创新引领性突破。作为北京市"三城一区"主平台之一，怀柔科学城应该起到支撑建设具有国际影响力的全国科技创新中心、打造北京经济发展新高地的作用。作为国家创新体系的重要组成，怀柔科学城迫切需要代表国家在更高层次上参与全球科技竞争与合作。

在北京市"三城一区"中，怀柔科学城起步较晚，基础较为薄弱。怀柔科学城范围内的高校和科研机构与中关村科学城的规模有明显差距。产业结构以制造业为主，入驻企业的营收规模仅相当于中关村科学城的 2.4%[①]。教育、医疗、保障性住房等公共配套服务能力及水平有限。供电和供水基础设施建设和稳定性有待提升。怀柔区距离中心城区 60 千米，位于市域高速交通末端区域。

同时，怀柔科学城也有着其他区域所无法比拟的优势。作为国家创新资源部署的重点区域之一，怀柔科学城将建成与国家战略相匹配的世界级原始创新承载区，成为重大科技基础设施和科研平台最密集的地区，吸引国家级创新主体集聚，

---

① 资料来源：《怀柔科学城规划（2018—2035 年）》。

承担重大科技计划任务；具有空间重塑的良好条件，可与国际会都和影视基地形成协同发展格局，深化国际科技合作、科技文化融合，共同支撑北京市的科技创新中心、国际交往中心和文化中心建设；建设用地具备潜力，可利用的规划建设地块总面积约 23.47 平方千米，包括无拆迁的新建用地面积约 11.17 平方千米，存量更新用地约 12.3 平方千米。

相比其他科学城，怀柔科学城如同一张白纸，做规划时需要充分把握世界科技竞争发展的机遇与挑战，以及国家战略部署和创新发展内涵要求，坚持以科技创新为引领，以空间支撑为载体，以系统性改革发展政策为保障，以先进的城市建设理念为指导，科学统筹谋划科学城建设发展。

第一节　怀柔科学城的战略定位和发展目标

一、战略定位

怀柔科学城以百年科学城和世界知名科学中心的战略目标为引领，以"突破"为主线，充分体现世界眼光、国家战略、中国特色和科学风范，面向世界科技前沿、人类科学议题、国家重大战略需求和首都经济社会发展需要，紧扣科学、科学家、科学城的核心要素内涵，构建战略创新能力的支撑体系，紧扣创新链与政策链、资金链、高精尖产业链的深度对接，构建协同创新保障体系，紧扣绿色、生态、人文、智慧的建设理念，构建创新型城市框架体系，紧扣以科学家为中心的服务宗旨，构建国际化和专业化的公共服务和城市运行体系，力争在原始创新、自主创新、核心关键技术和颠覆性技术等方面实现系统性引领性突破，推动科学布局与城市空间布局有机融合、科技与经济发展有机融合、绿色生态文化与城市高质量发展有机融合、科技服务与城市服务有机融合，形成世界级原始创新策源地、综合性国家科学中心的核心承载区、生态宜居创新的示范区。

1. 打造世界级原始创新策源地

坚持百年科学城愿景，立足于国家原始创新能力战略布局，聚焦优势学科方向和科学交叉前沿，以科学家为中心，围绕科技创新构建融合创新的科研平台、多元化交流平台、全链条服务平台、和谐社区家园，汇聚一流的设施平台、一流的人才团队、一流的大学和科研机构、一流的国际合作平台、一流的科技服务，致力于前瞻性基础研究、引领性原创成果的重大突破，引领科技前沿集群式突破，引领高精尖产业创新发展，将科技创新资源优势转化为现实生产力，建成科技引领发展的创新之城，支撑北京市高质量发展，带动京津冀区域协同发展，成为国际科技合作新载体，成为全球创新网络的重要节点、世界科技前沿的主阵地。

2. 打造综合性国家科学中心的核心承载区

面向世界科技前沿和国家重大战略需求，尊重科学发展的不确定性和城市发展规律，将长期战略与短期聚焦结合，统筹全面创新改革，深化科技体制改革，把综合性国家科学中心建设作为怀柔科学城建设的重中之重，强化部院市区协同联动机制，汇聚一流创新资源，发挥重大科技基础设施集群优势，完善重大科技项目高效运行及开放共享机制，建立以企业为主体的产学研用协同创新机制，构建跨学科、跨领域、跨区域的协同创新网络，通过科技成果转化和高精尖产业辐射的带动作用，实现怀柔区、密云区及顺义区联动，在北京市"三城一区"建设中做强支撑，与中关村科学城、未来科学城形成差异化协同创新发展局面，将创新势能转化为现实发展动能，实现共生共荣和高质量发展，成为国家创新体系的重要战略支撑、具有国际影响力的科技创新中心的核心支撑和北京创新发展新高地。

3. 打造生态宜居的创新示范区

坚持生态文明理念，推动科技与经济、科技与生态有机融合，以科技为引领，以经济发展为导向，以生态环境为保障，以一流的环境和服务吸引一流的资源，激发全社会创新创业创造的活力；突出重点区域，创新城市管理体制和开发建设模式，保障基础设施、公共服务先行，形成国际化、专业化、高品质的公共服务保障体系，助推科学家、企业家创新创业创造和价值实现；同步做好战略留白，统筹山水林田湖草等生态要素，坚持集约高效与疏密有致相结合，让城市融入自然，构建现代科技文化与山水田园融合的城市环境，建设具备生长弹性和智慧韧性的安全之城，探索生态涵养区创新发展新实践，建设科学和自然共生的生态之城，打造未来城市发展新典范。

二、发展目标

根据《怀柔科学城规划（2018—2035年）》，怀柔科学城各阶段建设目标如下。

2020年，怀柔科学城城市框架扎实起步，北京市怀柔综合性国家科学中心建设成效初步显现。综合极端条件实验装置、地球系统数值模拟装置2个重大科技基础设施初步建成，高能同步辐射光源等重大科技基础设施加快建设，20多个重大科技研发平台基本建成，初步集聚一批国内外顶尖科学家及研究团队，启动一批高品质基础设施、公共服务项目，科技服务业态逐步集聚，高精尖产业布局日益清晰，成为全国科技创新中心建设的新支撑。

到2025年，怀柔科学城城市框架基本形成，示范效应明显，承载能力全面增强，北京市怀柔综合性国家科学中心的影响力显著提升。高能同步辐射光源等5个以上重大科技基础设施、30个重大科技研发平台建成投入使用，一批重大科技基础设施及科技研发平台加快建设，集聚一批国际顶尖科学家及团队，逐步产出一批前沿科学和先进技术研究成果，科技服务业态和高精尖产业初具规模，一大批基础设施、公共服务项目建成并投入使用，城市功能短板逐步补齐，成为全国科技创新中心建设的重要支撑。

到2035年，怀柔科学城基本建成国际知名的科学城和国家科学中心。力争建成2~3个国家实验室、10个以上世界一流的重大科技基础设施、一大批重大科技研发平台；科研人员数量达到4万人，外籍科研人员占比超过10%；引进和培育一批国际科学领军人物和领先科研团队，取得10项以上的诺贝尔奖级科研成果（争取获得5项诺贝尔奖），形成成熟、高效的科技服务业态和高精尖产业支撑体系，建成宜读宜研宜业宜居、高效便捷智慧的科学城市典范，成为具有国际影响力的全国科技创新中心和跻身创新型国家前列的重要支撑。

展望2050年，怀柔城科学城全面建成引领世界一流的科学城和国家科学

中心。建成世界一流重大科技基础设施和科技研发平台集群，科研人员超过 5
万人，外籍科研人员占比超过 15%，造就一批具有国际影响力的科学家群体，
实现前瞻性基础研究和引领性原创成果的重大突破，累计取得 20 项以上的诺
贝尔奖级科研成果（争取获得 10 项诺贝尔奖），形成引领世界的产业创新生
态和前沿产业集群，成为全球新兴产业诞生地和策源地，成为建成世界科技创
新强国的核心支撑。

第二节　怀柔科学城的学科方向和条件设施布局

怀柔科学城坚持聚焦国家优势基础学科，发挥我国在化学、材料、物理、
工程、数学、地学等学科上整体水平接近世界前列的优势，率先布局原创度
高、可能产生颠覆性成果的基础科学前沿研究方向，集中集成优势创新资源，
强化科技投入和科技计划支撑，打造重大科技基础设施特色集群，吸引一流
的创新人才和结构合理的人才团队，努力在原始创新、自主创新上实现系列
重大突破。

一、前沿学科方向布局

怀柔科学城重点聚焦物质科学、空间科学、地球系统科学、生命科学、智
能科学五大科学方向。其中，物质科学、空间科学和地球系统科学为主导，生
命科学、智能科学紧紧围绕重大科技基础设施和交叉研究平台布局协同发展。
遵从学科交叉的创新趋势，力争在电子信息、材料、能源、环境、生物和健
康、太空深地开发利用等交叉领域率先突破。同时，基于科学研究的不确定
性，建立持续迭代的科学布局更新机制，定期对已明确的科学方向开展综合评
估，持续识别和补充未来高潜力研究方向，为北京市基础研究领域的世界领先
地位奠定基础。

1. 物质科学

重点聚焦凝聚态物理、分子科学、纳米科学、高能物理学、催化化学等前
沿学科和重点子领域，力争在物质结构表征技术、综合极端条件下的物性研究

技术、材料基因组技术等关键技术上实现突破。

2. 空间科学

重点聚焦空间天文学、太阳物理与空间物理学、行星科学与太阳系探测、空间地球科学、空间基础物理学、空间生命科学等前沿学科和重点子领域，力争在空间探测技术、空间信息安全技术、空间先进载运技术等关键技术上实现突破。

3. 地球系统科学

重点聚焦地球深部与资源科学、地球系统与气候变化、地球环境与生命演化、地表系统与灾害科学、大气污染与环境保护等前沿学科和重点子领域，力争在地球深部探测核心装备技术研发、地球系统模式技术、大气污染与环境保护技术、地表系统与灾害预测和防范技术等关键技术上实现突破。

4. 生命科学

重点聚焦生命过程综合模拟、干细胞与再生医学、生物医学与转化医学、遗传基因组学与精准医学、生物信息学等前沿学科和重点子领域，力争在新一代生命科学研究技术、新一代再生医学技术、新一代健康保障技术等关键技术上实现突破。

5. 智能科学

重点聚焦脑机融合、人工智能等前沿学科和重点子领域，力争在群体博弈智能关键技术、混合增强智能新架构与新技术、自主进化智能关键技术等关键技术上实现突破。

聚焦交叉融合创新的趋势和方向，引领世界科技前沿发展。在重大科技基础设施的应用试验平台和交叉研究平台建设中把握方向，以研究型大学、科研院所和创新型企业联合创新、交叉创新为基础，以信息智能、生命科学、新材料等前沿方向为着力点，强化物质科学与生命科学、空间科学、智能科学等领域交叉融合，在纳米材料、空天材料、材料基因组、量子器件等领域实现突破。强化人工智能与先进计算的渗透融合，在脑科学与类脑、生物医学大数据、环境模拟等领域抢占制高点。强化生命科学与物理、化学、环境科学等基础学科的交叉融合，在生命与物质、环境与健康、生物物理等领域打造科技竞争优势。强化医学与工程技术的结合，高度重视转化医学、临床医学与生物医药、医疗器械的深度对接，形成怀柔科学城交叉融合的独特优势。

二、科技设施平台布局

怀柔科学城建设要把握全球重大科技基础设施的发展趋势，系统布局重大科技基础设施集群，始终保持综合性国家科学中心战略创新能力领先优势；坚持"服务国家、引领学科、系统谋划、分步实施"的原则，聚焦光子、中子和电子等多类型设施，加快建设以综合应用型公共平台设施为主导、专业化设施和研发平台高效协同的支撑格局。

按照"学科适度集中、交叉创新频繁、用户便利使用"的分布原则，建设科技设施尖峰区（适度集聚区）。围绕物质科学的优势方向及交叉学科方向，着力建设物质科学、生命科学和智能科学领域重大科技基础设施与平台，建设物质科学尖峰区。围绕空间科学的优势方向，集聚空间科学领域支撑设施与平台，形成国家空间科学与空间应用特色设施尖峰区。围绕地球与大气环境的优势方向，推动东部地球系统科学与创新技术应用的集成尖峰区深化发展。在以北部物质科学和南部空间科学为基础支撑的大设施尖峰区，布局重大科技基础设施、前沿交叉研究平台、国家实验室等基础支撑。总体目标是形成以重大科技基础设施为基础支撑，以圈层服务为保障，以一流大学和科研院所、创新型企业为主体的科学"核爆区"，通过整体化的空间布局，实现科技创新要素的集聚，有效带动创新主体活力的提升，辐射带动科学城及怀柔区和密云区的发展。

围绕学科方向，综合考虑科学必要性、战略必要性，兼顾高学科覆盖率和长寿命周期，完善重大科技基础设施体系化、链条化发展，提高科技创新的集约程度。发挥重大科技基础设施的磁石作用和平台作用，挖掘培育国内外优质用户集群，注重研究型大学和科技型企业创新平台的集聚协同效应。坚持"以小带大、以小引大、以用促建、交叉融合"的思路，重点布局支撑重大科技基础设施落地的平台、与重大科技基础设施协同创新的平台、吸引支撑国家重大科技计划落地的平台和吸引全球顶尖科技人才落地的科研平台。

积极创新支撑服务体系，汇聚和培育用户群体，推动协同创新，实现重大科技成果集成突破。

以支撑和带动重大科技基础设施落地和长期发展为目标，重点推进先进光源技术研发与测试平台、大科学装置用高功率高可靠速调管研发平台等项目建设。

强调重大科技基础设施协同，重点推进材料基因组研究平台、清洁能源材料测试诊断与研发平台、分子材料与器件研究测试平台、脑认知功能图谱与类脑智能交叉研究平台等项目建设，形成重大科技基础设施和交叉研究平台的协同创新网络。

围绕重大科技任务和国际科学计划，重点推进空间科学卫星系列及有效载荷研制测试保障平台、国际子午圈大科学计划总部、太空实验室地面实验基地、深部资源探测技术装备研发平台、京津冀大气环境与物理化学前沿交叉研究平台、泛第三极环境综合探测平台等项目建设。

注重与国际一流大学和研究机构的合作与交流，提高用户黏性，确保重大科技基础设施高效运行，产出高质量成果。坚持多元主体和用户协同的导向，充分发挥大学和科研机构的主体作用，积极推动多主体互动、需求与应用互动的项目分类储备。

第三节　怀柔科学城的创新主体和科技人才培育

怀柔科学城着力吸引顶尖研究主体、研究型大学、创新型企业落地，发挥创新主体在设施平台建设、引进人才、引进企业等方面的作用，加强国际合作，构建国际领先的协同创新网络体系。

一、高水平创新主体培育

1. 积极争取国家实验室布局

围绕突破型、引领型、平台型国家实验室组织模式，搭建实验室架构雏形。围绕战略科学家、领军科技人才搭建新型研发平台。围绕科技创新团队，推出个性化的体制机制及政策保障。充分利用重大科技基础设施、交叉研究平台集聚优势，发挥北京市学科门类丰富、创新主体多元的突出优势，率先在空间科学、物质科学等领域搭建承载国家实验室的框架主体。

2. 建设国际一流的研究型大学

充分发挥大学对人才培养和理论创新的"活水源头"作用，利用怀柔区、密云区协同的空间资源，布局研究型大学（学院）。推动中国科学院大学科教融合深化，与中国科学院所属科研机构深度对接，支持前沿学科与交叉学科联动发展，建设世界一流的研究型大学。强化军地协同、军民融合，支持航天工程大学优势学科建设发展，打造培养航天指挥管理与工程技术人才的一流综合性大学。遵循创新规律，强化大学与重大科技基础设施集群、交叉研究平台和科技型企业在空间上、学科上交叉融合布局，共同构建创新"核爆区"的发展势能。

3. 推动中国科学院创新主体整合布局

充分发挥中国科学院科研主体的支撑作用，围绕重点科学领域，加大创新资源部署，整合创新链条，构建新型科技组织架构。推动已在怀柔科学城布局的科研院所提升水平，支持国家重点实验室、国家研究中心建设，增强在基础前沿和行业共性关键技术研发中的骨干引领作用。瞄准国内外基础前沿科学研究和重大科技攻关计划的需求，加大投入布局先导专项，带动相关研究院所整合再造创新链条。探索联合基金、联合计划项目的支持方式，设立并充分利用综合性国家科学中心及重大科技基础设施科学研究联合基金，支持依托重大科技基础设施的关键技术攻关和核心设备研制、设施原理探索和预先研究等。

4. 加快吸引一流研发主体落地

瞄准世界科技前沿，加强与国际一流科研机构的合作，搭建一流研究单元。瞄准国内外一流人才和团队，创新科研组织形式，搭建新型研发机构和平台。瞄准具有突破潜质的关键领域，大力推动科研院所与创新型企业合作，通过改革措施提升创新能力和水平。瞄准国内外创新型企业，支持高水平的企业研发平台落地，支持带动中小企业开展科技研发活动，形成协同创新、联合创新的格局。瞄准国际开放合作，推动具有影响力的国际科技合作平台、国际科技组织总部和非营利性科技组织等的布局建设。

5. 培育创新产业集群

围绕重大科技基础设施、交叉研究平台、科研院所及企业研发平台发展需求，吸引一批科学装置、科研仪器研发、生产、运营、管理企业和科学实验服务企业，将怀柔科学城打造成为科技实验服务示范区、科技成果转化服务示范区。围绕重点产业领域，加强与平台型组织的对接，鼓励领军型科技集团企业在科学城设立垂直孵化基地，依托企业研究中心、联合实验室、孵化器、加速器、企业领投的风险基金，推动自主创新和颠覆性创新。以天使投资、创业投资、产业投资机构为重点合作目标，引导其投资的科技创业团队、高成长企业到科学城发展，大力扶持重点领域高潜力初创企业、瞪羚企业。

二、高层次创新人才培育

坚持引进与培育相结合，推动形成结构合理的科技人才梯队、科研与服务人才协同支撑发展格局。优化人才服务环境建设，构建引得进、留得住、用得好的服务保障体系，打造人才发展高地。

一是针对领军人才，统筹用好海外高层次人才引进计划，围绕重大科技基础设施和平台建设运行、新型研发机构组建运行、重点学科能力提升和重大科技计划组织实施，面向全球定向引进具有前瞻性和国际眼光、引领世界科技发展趋势的战略科学家，以及善于凝聚力量、统筹协调，在相关领域取得显著成绩的科技领军人才。以大设施和平台为牵引，重点引进和培养技术研发、工艺创新、工程实现等方面的顶尖工程技术人才、复合型工程技术领军人才等。

二是针对拔尖人才，在物质科学、空间科学共建实验室及组建的新型研发机构，探索实行首席科学家或项目经理人负责制和科研人员人事关系双聘制，支持在保留与依托单位人事关系的基础上，与科研项目组建立聘任关系。支持高等学校、科研院所打开院墙，鼓励科研人才利用本人及所在团队的科技成果，通过兼职、在职创办企业、在岗创业、到企业挂职、与企业项目合作、离岗创业等方式创新创业。根据怀柔科学城基础研究、应用研究、前沿技术开发转化的内在需求，积极引进和培养具有全球视野，掌握世界前沿技术，熟悉国际商务、法律、金融、知识产权、技术转移等有关规则的专业型服务人才。

三是针对青年人才，探索大学与实验室、科研机构及创新型企业人才联合培养机制，建立产学研用有机结合的人才协同培养模式。加大对青年科技人才的支持，充分用好各级各类青年科技人才支持计划，加强项目、经费等科研条件支持力度，完善人才梯度培养机制。搭建青年人才创新创业服务平台，健全青年人才创新创业发现机制，打通创新创业通道。建立青年创新创业项目库、人才库、导师库，建立支持青年人才创新创业的支撑体系，让青年科技人才与科学城一起成长。

四是针对海外人才，支持创新企业、科研院所、新型研发机构等创新主体引进外国高层次人才，支持外国高层次人才担任本市重大科研项目主持人或首席科学家，探索建立外国高层次人才担任事业单位性质的新型研发机构和民办非企业单位法定代表人制度，在知识产权、股权方面享有与中国公民同等的权益。对符合条件的外国高层次人才提供永久居留证、签证及工作许可申请办理的便捷服务，简化办理程序。从工作、生活、城市便利性入手，推进国际化、多元化环境建设。

第四节　怀柔科学城的研发生态和创新文化营造

一、构建市场化的科技服务体系

立足于五大科学方向引导带动的关键核心技术、颠覆性技术突破，加快推动基础研究、应用研究向现实生产力转化，以构建适应创新发展要求的科技服务业为纽带，引进与培育双向发力，同步孵化培育未来先导产业。

集聚科技成果转化市场化中介服务机构集群，吸引专业化、国际化科技转化企业家和项目经理，促进科技成果转化。大力发展知识产权服务、创业孵化、成果转化、科技金融等市场化科技服务，培育金融、法律、税务、资产评估、信息服务、商务会展等专业服务。推动国内外转化孵化机构合作，打造融入全球科技创新网络的科技商务示范区。围绕科学研究开展相关服务，依托重大科技基础设施和前沿交叉研究平台为企业提供委托研发及检验检测服务。

坚持政府支持与市场推动相结合，设立科学城、高校、科研院所成果转化办公室，形成与市场化主体对接的网络。创新转化对接机制，实现从实验室成果跟踪到科学家成果对接的服务链条。建立信息服务平台，搭建技术与需求对接平台、科技成果转化应用平台。聚集专业化、市场化成果转化服务机构，推进服务业开放，吸引国际技术咨询经纪机构落地。深化科技成果转化收益分配方式改革，落实科技人员和单位科技成果转化政策，建立科技人员成果转化奖励机制和税收优惠政策。创新科研与产业共享合作机制，鼓励对不同主体开放科研设施，推动实验室技术商业化，探索双聘制，鼓励科研人员为企业提供技术服务，促进先进科技成果转化。

建设怀柔科学城创客空间，依托重大科技基础设施和交叉研究平台为创业项目产品化提供系统性、工程化服务，并联合外部专业机构为创业团队提供法律、资金、市场等方面的服务，建设创业孵化载体和科技成果转化孵化载体。建设怀柔科学城加速工场和标准厂房，在企业加速期为其提供空间及相关专业服务。建设联合实验室及产业技术研究平台，打造行业共性关键技术研发基地、高端人才引进培养平台、重大成果转移转化专业平台和关键产业投资促进机构。深化与名院名校名企合作，以各方关切的新产品、新技术为切入点开展联合科学研究，推动科研机构与企业的人才流通，建立一批联合实验室集群，打造具有怀柔科学城特色的科技成果转化模式。

市或区政府、高校、科研机构联合社会化金融投资机构设立怀柔科学城创新转化基金，重点针对科学城产出的重大成果、有较好前景的科技型项目，以市场化基金方式进行投资，培育耐心基金。探索建立"前孵化"基金机制，依托北京市科技创新基金，吸引社会资本，重点投资科学城重大科技基础设施核心技术、核心零部件及交叉研究平台的早期研发项目，推动具有重大价值、技术尚处于应用探索研究或预研究阶段的重大科技转化项目。

二、形成特色化的创新文化氛围

打造怀柔科学城文化品牌，将构建学术生态与独特创新文化作为重中之重。与国际会都联动，强化多层级、高频次、高水平的科技交流合作，全视角、精目标打造城市文化名片，促进原始创新、自主创新文化高地建设。

营造崇尚创新的文化氛围。在践行社会主义核心价值观、引领社会良好风尚中率先垂范，大力弘扬求真务实、勇于创新、追求卓越、团结协作、无私奉献的科学精神。增强创新自信，倡导敢为人先、勇于冒尖、宽容失败的创新文化，形成人人崇尚创新、人人渴望创新、人人皆可创新的社会氛围。塑造体现科学内涵的城市品质，打造科学主题社区、家园、校园，在园区、校区设立科学家雕塑，以科学家名字命名道路或重要标志性建筑，塑造科技风范。

积极促进国际交流合作。持续举办国际综合性科学中心研讨会，倡导并推动成立国家科学中心国际合作联盟。推动"一带一路"国际科学组织联盟总部等国际性科技组织落户怀柔科学城。积极打造高层次科技交流品牌，支持各类主体举办国际科学会议和国际交流活动，邀请国际知名大学、科研机构及相关组织在怀柔科学城开展高层次国际学术活动。

推动科技交流和科普基础设施建设。加强科学会堂、博览中心等科技交流基础设施建设，构建科学沙龙、咖啡厅、演讲厅等多层次交流空间。加强科普基础设施建设，构建科普广场、科普长廊、科普讲堂，鼓励高等学校、科研院所和企业的各类科研设施向社会公众开放。

第五章
未来科学城的发展定位与建设路径

2009—2017 年，未来科学城经过 8 年建设与发展，创新要素初步集聚，创新链条正在形成。多所高校加速布局优势学科和创新平台，为人才培养及基础前沿研究提供重要保证；一批中央企业加速建设国家材料服役安全科学中心、国家蛋白质科学中心研发机构，成为突破关键共性技术、以技术创新服务国家重大战略的重要主体。

未来科学城自建设以来取得一定成绩，但存在"四个不够"，制约了未来科学城创新要素集聚与创新活力激发。一是活力不够，入驻创新主体以支持"千人计划"的中央企业为主，相对单一，仍有部分空间、土地闲置，未能形成混合型研发主体格局与创新创业氛围。二是协同不够，入驻创新主体之间缺乏协作，尚未形成协同创新局面。三是开放不够，入驻创新主体的空间资源、科技创新资源向社会开放不够。四是配套不够，教育、医疗、住宅、文体、商业等配套服务设施处于建设中。从整体上看，未来科学城一期与沙河高教园区、国家工程技术创新基地等各组团创新功能不足，呈现各自发展状态，尚未形成一体化联动发展格局。

随着沙河高教园区、国家工程技术创新基地、北京科技商务区等昌平区重点功能区纳入统筹范围，未来科学城占地面积达 170.6 平方千米，空间范围进一步扩大，直接毗邻中关村科学城，位置优势更加突出。面对新定位、新要求，未来科学城需要认清发展形势，挖掘发展潜力，厚植创新优势，强化核心创新功能，提升科技服务与人才发展环境，加速组团间统筹联动发展。

第一节　未来科学城的战略定位和发展目标

一、战略定位

未来科学城秉承"科学研究支撑、技术创新引领、创新活力迸发、环境生态人文、基础设施完善、带动区域发展"理念，全面提升创新能力、发展活力、城市功能和开放引领水平，加强重大创新领域战略研判和前瞻部署，紧紧围绕国家目标和国家重大战略需求，关注关键核心技术，关注安全自主可控，关注自主创新成果转化应用，聚焦重点难点，积极突破关键共性技术、前沿引领技术、现代工程技术、颠覆性技术，实现国家重大战略领域关键核心技术自主可控，有力支撑高质量发展。率先实现产学研用协同创新，率先建成活力迸发创新之城，遵循创新发展规律，以全球视野谋划发展，集聚国际一流创新型企业、国际一流研发机构和国际一流人才，建设技术创新领航区、协同创新先行区、技术人才集聚区与创新创业示范城，探索具有特色的区域创新发展模式，形成良好的创新创业生态，形成辐射带动作用，打造成为国际领先的技术创新高地。

1. 技术创新领航区

面向国家重大战略领域，集聚高水平企业研发中心，突破关键共性技术、前沿引领技术、现代工程技术、颠覆性技术，形成国际领先的科技创新成果。

2. 协同创新先行区

以技术创新为核心，加强基础研究，完善新兴产业功能，推动创新链各环节协同联动。汇聚一流的创新型企业、科研院所、高校，形成多元主体协同创新局面。

3. 技术人才集聚区

强化人才吸引、培育、服务功能，集聚国内外高水平科技创新人才、工程技术人才、创新创业人才，打造重点领域技术人才集聚区。

4. 创新创业示范城

集聚创新创业团队及服务机构，构建一流的创新创业生态系统，营造有利于创新创业的文化氛围及制度环境。

二、发展目标

根据《未来科学城规划（2017—2035年）》，未来科学城各阶段建设目标如下。

1. 第一阶段目标

到2020年，初步形成创新要素聚集、创新活力初显的局面，初步建成绿色宜业、功能完善的城市载体。

（1）创新资源加速集聚。能源、生命领域国家实验室培育启动，研究型大学数量达到7所，国家级创新平台数量不少于40家，领军人才数量超过800人，国家级孵化平台总面积达到30万平方米。

（2）创新发展成效显现。国际PCT专利申请量不少于150件，创制国际标准数量不少于85件。引领昌平区全域成长起一批具有国际竞争力的创新型企业和产业集群，培育形成8个以上百亿级企业和1个千亿级产业集群。

（3）未来城东区宜居宜业、生态绿色城市建设成效显现。集中建设区道路网密度达到3.5千米/平方千米，15分钟社区服务圈覆盖率达80%，保障性住房供应比例达50%。蓝绿空间占比达40%，新建区可再生能源利用比例达3%。

2. 第二阶段目标

到2025年，建成具有活力的创新之城。

（1）创新资源高度汇集。能源、生命领域国家实验室培育框架初步形成，研究型大学数量不少于8所，国家级创新平台数量不少于50家，领军人才数量不少于1500人，国家级孵化平台面积稳定增长。

（2）形成创新发展引领局面。国际PCT专利申请量不少于400件，在先进能源、先进制造及医药健康等战略必争领域形成独特优势，创制国际标准数量不少于130件，引领昌平区全域形成17个以上百亿级企业和2个以上千亿级产业集群。

（3）未来城东区和西区基本建成宜居宜业、生态绿色城市。集中建设区道路网密度达到 6.5 千米 / 平方千米，15 分钟社区服务圈覆盖率达到 85%，保障性住房供应比例保持 50%。蓝绿空间占比达 43%，新建区可再生能源利用比例达 5%。

3. 第三阶段目标

到 2035 年，建成全球领先的技术创新高地。

（1）高端创新资源汇集。跻身世界一流实验室行列，研究型大学不少于 9 所，国家级创新平台数量不少于 60 家，领军型人才数量突破 3000 人，形成创新活力竞相迸发、创新源泉不断涌流的生动局面。

（2）重点领域技术创新全球领先。国际 PCT 专利申请量不少于 2500 件，在先进能源、先进制造及医药健康等领域解决主要瓶颈问题，实现关键核心技术安全、自主、可控，创制国际标准数量不少于 200 件，引领昌平区全域形成 3 个以上千亿级产业集群。

（3）全面建成宜居宜业、生态绿色城市。集中建设区道路网密度达到 8 千米 / 平方千米，15 分钟社区服务圈基本实现全覆盖，保障性住房供应比例保持 50%。蓝绿空间占比达 50%，新建区可再生能源利用比例达 10%。

4. 第四阶段目标

到 2050 年，建成创新引领、绿色生态、智慧人文的科学魅力之城。汇聚一批世界一流的科研机构、研究型大学和创新型企业，形成重点领域引领全球发展的创新核心；先进能源、先进制造及医药健康等领域涌现出一批重大原创性科技成果，服务和支撑世界科技强国建设。

第二节　未来科学城的重点领域

一、先进能源领域

面向能源可持续发展重大需求，加强能源高效洁净利用与转化的物理化学基础研究，开展高性能热功转换和高效节能储能、可再生能源规模化利用原理和新途径等能源领域重大科学问题的攻关（表5-1）。以推动能源关键技术自主可控为核心，突破核心关键技术，推动能源技术与信息技术交叉融合，构筑国际先进能源领域数据中心与新技术策源地。

表5-1 先进能源领域基于技术创新链的发展重点

创新链 / 细分领域		基础前沿	关键技术	工程示范
能源互联网	智能电网	能源互联网规划、运行与交易的理论、模型与方法	先进输变电技术与装备 智慧配用电技术与装备 可再生能源并网与消纳 综合能源系统控制 能源大数据及应用系统 多种能源协调交易关键技术	智能电网及综合能源系统装备 基于能源大数据的增值服务 能源互联网金融服务
	多能互补综合能源系统			
	能源互联网运营交易			
新能源	先进核能	先进核能系统基础研究 高效低成本太阳能电池及热发电 太阳能制氢与高效低成本储运氢	先进核能系统设计及验证 太阳能发电 可再生能源电解水制氢 先进燃料电池 高性能复合储氢	先进核能系统推广及应用 太阳能发电及热利用 氢能综合应用
	太阳能			
	氢能			
先进储能	电化学储能	低成本、长寿命、高安全、易回收储能技术基础研究	先进容量型储能 超高功率人型储能	新能源发电储能 用户侧储能
	物理储能			
	储热			
能源清洁高效开发利用	高效能发电与智能发电	绿色智慧开采 绿色智慧电厂 深层、超深层油气地质理论	智能高效发电技术及装备开发 煤炭清洁高效转化 CO_2 大规模、低能耗捕集与资源化利用 深层、深海油气有效开发 天然气水合物有效勘探开发	清洁高效发电 清洁高附加值煤化工 先进油气开采与关键设备
	煤炭清洁高效利用			
	碳捕集与利用			
	油气高效勘探开采			

资料来源：《北京未来科学城规划（2017—2035年）》。

在能源互联网领域，重点围绕智能电网、多能互补综合能源系统、能源互联网运行交易等细分领域，开展能源互联网规划、运营与交易的理论、模型与方法等方面的应用基础研究，突破可再生能源并网与消纳、能源大数据及应用系统、综合能源系统控制、多种能源协调交易等关键技术，并推动智能电网及综合能源系统装备等的工程化应用和基于能源大数据的增值服务。

在新能源领域，重点围绕先进核能、太阳能、氢能等细分领域，开展先进核能系统、高效低成本太阳能电池及热发电、太阳能制氢与高效低成本储运氢等方面的应用基础研究，突破先进核能系统设计及验证、太阳能发电、先进燃料电池、高性能复合储氢等关键技术，并推动先进核能系统、太阳能发电及热利用、氢能综合利用等的工程化应用。

在先进储能领域，重点围绕电化学储能、物理储能、储热等细分领域，开展低成本、长寿命、高安全、易回收储能技术基础研究，突破先进容量型储能、超高功率大型储能等关键技术，并推动新能源发电储能和用户侧储能等的工程化应用。

在能源清洁高效开发利用领域，重点围绕高效能发电与智能发电、煤炭清洁高效利用、碳捕集与利用和油气高效勘探开采等细分领域，开展绿色智慧开采、深层与超深层油气地质理论等方面的应用基础研究，突破智能高效发电技术及装备开发、煤炭清洁高效转化、CO_2大规模、低能耗捕集与资源化利用、天然气水合物有效勘探开发等关键技术，并推动清洁高效发电、清洁高附加值煤化工、先进油气开采与关键设备等的工程化应用。

二、先进制造领域

加强制造系统建模、优化与仿真的理论与方法研究，精密、超精密加工工艺的应用基础研究，布局计量科技基础、智能制造共性技术标准研究等重点方向。大力推进智能装备与系统创新，积极发展人工智能、网络与通信等新一代信息技术，推动信息技术与制造业融合发展，加速关键核心材料的研制与产品开发，构建融合创新体系，全力支撑我国制造业转型升级（表5-2）。

表 5-2　先进制造领域基于技术创新链的发展重点

创新链 细分领域		基础前沿	关键技术	工程示范
智能系统	智能机器人	计算机视觉、机器人仿生、人机交互、机器人驱动与感知、人－机器人智能融合等 高速、精密、复合、多轴联动等 磁存储器、微显示、新型电子传感等 高性能金属结构件增材制造控形控性等基础理论研究等 工业大数据分析理论与方法、多业务的数据空间管理、智能决策等理论和方法	新型工业机器人及其应用软件、专用伺服系统、机器人环境建模与导航定位系统等 高精度减速机、伺服电机、数控系统 光电子及微纳电子器件 精密复杂件高精度激光选区熔化增材制造装备 新原理制造、测试及检测设备 可编程逻辑控制器（PCL）、高可靠性智能传感器与控制器等	人机协作安全机器人、面向制造领域的机器人应用示范 半导体装备、高档数控装备等应用示范 航空航天关键部件增材制造示范 智能工厂应用示范 智慧企业应用示范 云制造服务应用示范
	高档数控机床			
	半导体装备			
	增材制造装备			
	智能系统			
新一代通信技术	人工智能	群体智能、大数据智能等 第五代移动通信（5G） 多源数据融合、物理信息精确感知及智能处理	群体智能协同决策与控制技术 终端芯片 通用信息处理芯片和终端	工业操作系统及其应用软件 智慧工业云与制造业核心软件
	网络与通信技术			
	工业互联网			
关键战略材料	能源动力	石墨烯、增材制造材料等前沿材料应用研究 新型能源材料、先进半导体材料、高性能纤维及其复合材料、高端装备用特种合金等关键战略材料的应用基础研究 材料基因组技术研究、材料安全服役研究、材料大数据建设	新型能源材料、先进半导体材料、新型稀土功能材料、高性能纤维及其复合材料、高端装备用特种合金等关键战略材料及其相关产品的工程制造技术开发	关键战略材料及其相关产品在能源动力、信息技术、高端装备、轨道交通等领域的工程示范与应用推广 材料基因组技术、材料大数据在关键战略材料领域的应用
	信息技术			
	先进制造			
	轨道交通			

资料来源：《北京未来科学城规划（2017—2035 年）》。

在智能装备与系统领域，重点围绕智能机器人、高档数控机床、半导体装备、增材制造装备、智能系统等细分领域，开展计算机视觉、机器人仿生、人机交互等方面的应用基础研究，突破高可靠性智能传感器与控制器制备等方面的关键技术，并推动人机协作安全机器人、面向制造的机器人及半导体装备、高档数控装备等智能装备及智能工厂、智慧企业、云制造服务等智能系统的应用示范。

在新一代信息技术领域，重点围绕人工智能、网络与通信技术、工业互联网等细分领域，开展群体智能、大数据智能、第五代移动通信（5G）、多源数据融合、物理信息精确感知及智能处理等应用基础研究，突破群体智能协同决策与控制技术、终端芯片和通用信息处理芯片和终端等工程技术，并推动工业操作系统及其应用软件、智慧工业云与制造业核心软件等方面的应用示范。

在关键战略材料领域，重点围绕能源动力、信息技术、先进制造、轨道交通等细分领域，开展石墨烯、增材制造等前沿材料，新型能源材料、先进半导体材料、高性能纤维及其复合材料等关键战略材料，以及材料基因组技术、材料安全服役和材料大数据等方面的应用基础研究，突破新型能源材料、先进半导体材料等关键战略材料及其相关产品的工程制造技术开发，并推动关键战略材料及其相关产品在能源动力、信息技术、高端装备、轨道交通等领域的工程示范与应用推广，以及材料基因组技术、材料大数据在关键战略材料领域的应用。

三、医药健康领域

面向人类重大疾病开展发生机制及治疗原理研究，在干细胞发育机制、新型基因编辑原理与方法、基因与细胞疗法原理和精准医疗基础原理等方向加强应用基础研究。以国家重大战略为导向，利用北京市的科研条件、人才等资源优势，聚焦生命科学前沿技术、关键共性技术平台和高精尖医药产业（表5–3）三大领域，紧紧围绕生命科学基础研究、应用研究和总部经济等关键环节，做大主导产业，建设生命科学原始创新策源地、国际高端要素集聚地。

在生命科学前沿技术领域，紧跟国际前沿技术研究热点，推动重大原创技术创新，强化创新源头领跑作用。重点聚焦脑科学与类脑研究、结构生物学、合成生物学、基因组学、蛋白质组学、精准医学、干细胞、免疫治疗、生物医学成像等基础研究。

在关键共性技术平台领域，突出源头创新和基础研究资源优势，构建生命科学和新药、高端医疗器械等产品创制共性技术平台，突破工程化技术及高端制造瓶颈环节。重点布局智能靶向基因治疗药物平台、基于基因编辑技术的高通量新药筛选平台、中药药学研究综合研发平台、生物药中试及生产代工平台、植入和介入类医疗器械临床前创新和验证平台。探索推广第三方生产服务，以及知识产权服务、研发外包、风险投资相结合的商业运作模式。

表 5-3 医药健康领域基于技术创新链的发展重点

细分领域 \ 创新链		基础前沿	关键技术	工程示范
生命科学前沿技术	基因组学和蛋白质组学、精准医学	对接国家重大战略部署，培育生命领域国家实验室、国家科技创新2030重大项目——脑科学与类脑研究、全民健康保障工程 以成果应用和以技术突破为目标的前沿技术研究	转化医学平台、创新孵化平台	免疫治疗等创新临床诊疗技术
	脑科学与类脑研究			
	干细胞、免疫治疗			
	结构生物学、合成生物学			
	生物医学成像			
关键共性技术平台	智能靶向基因治疗药物平台	以成果应用和以技术突破为目标的前沿技术研究（北京生命科学研究所、北京蛋白质组研究中心）	生物医药、医疗器械等产品工程化技术及高端制造瓶颈技术研究提升	知识产权服务、研发外包、风险投资相结合的商业运作模式 第三方生产服务
	基于基因编辑技术的高通量新药筛选平台			
	中药药学研究综合研发平台			
	生物药中试及生产代工平台			
	植入和介入类医疗器械临床前创新和验证平台			

续表

细分领域＼创新链		基础前沿	关键技术	工程示范
高精尖医药产业	生物制品	早期发现，包括生命科学前沿研究、机制研究、靶点确定、先导化合物发现、多学科交叉确定候选化合物等	生物医药、医疗器械等产品工程化技术及高端制造瓶颈技术研究提升	知识产权服务第三方生产服务
	化学药物			
	高端医疗器械	基于人工智能在图像识别、深度学习等算法研究		
	人工智能＋医疗	临床前研究，包括药效动力学、药物代谢动力学、安全性评价和毒物代谢动力学		
		临床研究，包括Ⅰ、Ⅱ、Ⅲ期临床试验和上市后Ⅳ期临床试验		
		辅助诊断人工智能的软件开发上市商业化，包括新品种注册申报、建立新产品生产线、批产上市和上市推广、新技术和新产品上市推广等		
		智慧医疗精准医疗		

资料来源：《北京未来科学城规划（2017—2035年）》。

在高精尖医药产业领域，聚焦创新化学药物、生物制品、高端医疗器械及人工智能＋医疗等细分领域。其中，化学药物领域聚焦小分子创新药物和高端制剂，补齐国内短板；生物制品领域以抗体药物、疫苗和重组蛋白质药物为重点，紧紧把握研究热点；高端医疗器械领域聚焦技术含量高的大型诊疗设备及临床急需且应用前景广的介入型产品；人工智能＋医疗领域聚焦人工智能及医疗大数据、医用机器人、生物医学3D打印技术等方向。

第三节　未来科学城的战略科技力量布局

一、构建国家实验室体系

聚焦引领未来发展的战略性技术及前沿技术的研究，促进学科交叉融合，积极引进能源领域的国家战略科技力量在未来科学城布局。推进智能电网国家技术创新中心建设，提升先进输电技术国家重点实验室、煤基清洁能源国家重点实验室等的创新能力和水平。推动建设国家级能源大数据中心，鼓励开展能源互联网相关各类大数据集成技术、多源数据集成融合与价值挖掘关键技术等的研究，加强能源大数据对政府决策、企业业务水平能力提升、能源产业商业模式创新等方面的支撑作用。支持新型研发机构面向科技前沿，强化目标导向，着力打造融应用研究、技术开发、产业化应用、企业孵化于一体的科技创新链条。

发挥大型金属结构件增材制造国家工程实验室、民用航空工业大数据与人工智能国家创新中心、未来民用航空国家重点实验室等国家级创新平台的作用，建立关键材料共性技术研发平台，突破材料和制造的关键工艺技术，加快应用产品开发，为规模化生产提供技术支撑。搭建工业互联网平台，突破数据集成、平台管理、开发工具、微服务框架、建模分析等关键技术瓶颈，形成支撑工业互联网平台发展的技术体系。

培育生命领域国家实验室，充分调动北京市、全国及全球创新资源，形成医药健康创新高地。依托国家蛋白质科学中心（北京），着眼蛋白组驱动的精准医疗，开展以生命组学、生物大数据为核心的前沿技术研究，建设世界一流的蛋白质科学研究中心和高端创新人才培养基地，催生临床蛋白质第三方检测等新产业。依托北京脑科学与类脑研究中心，集聚和培养一批国际顶尖的脑科学与类脑研究专家团队，为承接国家重大项目提供技术储备。

二、优化高水平大学布局

支持沙河高教园区入驻的高校纵向划分学科，完善学科布局，整合优势创新资源，发挥优势学科、优秀科研队伍的作用，面向国家重大战略需求积极开展重点领域应用科学研究。支持高校优化学科布局，对数学、物理学、生物学等重点学科给予支持，提升基础学科发展水平。鼓励高校开展跨学科研究，高度关注和重点推动优势学科发展，鼓励信息、材料、能源、制造、生命等领域开展跨界融合，促进不同学科之间的交叉融合，加强基础学科与应用学科的衔接，全面发挥基础学科对原始创新及应用领域技术突破的支撑作用。加强新算法与软件基础理论、海量信息处理及知识挖掘的理论与方法、人机交互理论、网络信息安全理论等的研究，支撑信息科技发展。

支持高校依托高水平学术研究与高质量教学加强人才培养，重点培养具有理性批判思维方式、能够探索发现新知的科学人才。支持高校在优势领域设立科学家工作室，培养一批具有前瞻性和国际眼光的战略科学家群体。鼓励人才在高校、科研院所和企业之间合理流动，引进海外专家牵头或参与国家科技计划项目。

支持沙河高教园区入驻的高校创新机制，与入驻的下游研发机构、应用企业保持长期高效的战略合作，联合共建共性技术研发平台、开展关键核心技术联合攻关，扩大优势科技资源的开放与共享。支持高校联合企业共建开放共享的信息公共服务平台，由高校负责运营管理，促进供需双方对接，开展协同创新，推进先进制造技术向智能化、服务化、绿色化转型。建设科技资源共享服务平台，鼓励高校与企业共享科研仪器设备、科技数据、文献等资源。

三、集聚科技领军企业

充分发挥中央企业在国家安全、国民经济和社会发展等方面的基础性、引导性和骨干性作用，重点围绕智能电网、氢能、煤炭清洁转化、可再生能源发电等中央企业具有技术领先优势的领域，发挥中央企业研究机构的引领作用，推动中央企业创新改革先行先试，激发中央企业创新活力，利用重大创新平台和实验室等科技创新优势资源，进一步集聚多元创新主体，开展协同创新，突破先进能源领域战略性、关键性、颠覆性技术。支持中央企业面向国家重大战略需求，发挥其在创新决策、科研组织等方面的主体作用，凝练创新项目，组织高校、科研院所、中小企业等多元主体开展协同创新。

深化产学研融通发展。坚持需求牵引，促进基础研究、应用研究与产业化对接融通，重点发挥企业在产学研深度融合中的作用。建立未来科学城先进能源创新成果转化信息平台、产业创新中心、中试服务平台等创新服务平台，加强能源领域首台（套）重大技术装备示范应用。加速推动先进能源领域高附加值创新成果的转化和产业化，培育先进能源高精尖产业，引领国际先进能源技术发展。联合国内外大数据企业、互联网企业，以支撑先进能源、先进制造、医药健康重点领域发展的信息技术为重点，积极开展信息技术与能源、信息技术与制造、信息技术与医药的交叉研究。

对接国内外高端创新资源。面向能源互联网、分布式能源与微电网、储能等热点，着力引进或对接英国石油公司、埃克森美孚公司、弗劳恩霍夫能源技术联盟、清华能源互联网研究院等创新能力强、服务水平高、带动能力强的国内外行业领军企业与平台型企业，在未来科学城设立总部、分支机构、研发中心等。支持创新企业建立海外研发基地，与国际知名大学、科研机构、跨国公司等开展多层次合作。

聚焦创新药物研发，构建特色产业集群，全面推动产业创新升级。聚焦制药、生物技术、医疗器械等行业，从疾病的预防、诊断和治疗入手，重点发展抗体、疫苗、重组蛋白、中成药创新品种、创新化学药物、高端医疗器械和疾病早期诊断新方法等产品与服务。支持原创性药物和医疗器械在海外注册、上市。引导各类医药健康创新资源聚集，形成高端引领、创新驱动的产业发展模式。

第四节　未来科学城的创新环境培育

一、加强技术转移服务能力

加强技术供需对接。围绕重点领域收集科技成果，建设科技成果数据库。与未来科学城内中央企业、高校、新型研发机构等主体建立长效对接机制，动态收录其科技成果，建成先进能源、先进制造、医药健康领域的科技成果库。支持企业联合高校、科研院所等共建产业技术创新战略联盟，以技术交叉许可、建立专利池等方式促进技术转移扩散。依托企业建设一批聚焦细分领域的科技成果中试、熟化基地，推广技术成熟度评价，促进技术成果规模化应用，畅通企业产学研技术转移渠道。支持专业性研发公司发展，将专业化研发服务与市场紧密结合。融入国际技术转移网络，在技术引进、技术孵化、消化吸收、技术输出和人才引进等方面加强与国际技术转移机构的对接与合作，实现对全球技术资源的整合利用。

培育检验检测服务能力。围绕先进能源、先进制造、医药健康等重点领域，吸引国际一流的检验检测认证机构，带动一批检验检测上下游中小企业入驻，加强检验检测、分析测试、计量校准等高端智能仪器设备的研发制造，完善检验检测服务业产业链条。鼓励企业探索"互联网＋认证认可检验检测业务"模式，尝试开发全样本分析、检测云、远程审核和在线监测等新业态、新模式，建设全国性检验检测认证公共服务信息化平台，打造"互联网＋公共服务"样板，实现重点领域检验检测结果互认。建设计量公共服务平台，重点发展先进能源、先进制造、医药健康等领域高技术产业和现代服务业相关的计量检定、校准及测试服务，研究服务产品全寿命周期的计量技术，提供计量测试服务支撑。

引导社会资本参与科技创新。依托北京市科技创新基金，联合民间资本、地方政府资金及其他投资设立未来科学城技术创新引导子基金和未来科学城应用基础研究子基金。未来科学城技术创新引导子基金重点投向东区中央企业、中关村生命科学园创新型企业，支持重点领域关键性技术转移、成果转化等，支持引进和培育前沿性科学发现、原理性主导技术、关键核心技术、共性技术的原始创新及成果转化阶段的领军企业。构建以上市融资、债权融资、"新三板"为重点的多层次金融支撑体系。建立由政府部门、证券交易所、证券公司和中介服务机构联合参与的科技企业上市联动机制。

二、提升创新创业创造活力

推动未来科学城东西两区联动。西区依托高校重点培养高素质工程技术人才及创新创业人才，提供高水平知识产权服务、技术转移等科技服务，为东区中央企业等主体提供应用基础研究成果，推动西区的基础研究成果实现工程化技术开发及应用。东区承接西区应用基础研究成果，并为其提供创新试验场及成果转化基地。东西两区均布局公共交流空间、高水平住宅、商务商业、医院、学校、公园等配套设施，补齐成果孵化、知识产权服务、法律服务等优质要素，实现一体化发展，形成东西两区联动发展格局。

优化创新创业氛围。加强东区创新创业氛围营造，以中央企业为主的各类主体积极举办创新论坛、技术论坛、创业论坛、创业大赛等形式多样的创新创业活动，打造一系列创新创业品牌活动。加强西区学术氛围营造，沙河高教园区入驻的高校举办学术论坛、学术讲座、学术沙龙等学术活动，支持教师、科研人员、学生等参与学术研究与交流活动。利用众包、众筹等新机制，积极开展创新挑战赛，筹建众包平台、开放创新平台。

提升公共空间活力。依托老河湾主山湿地区、杨林保留区及城市客厅区等特色分区建设，打造层次丰富、主题鲜明的景观，为未来科学城人才提供良好的休闲环境和科技展示、体验空间。充分发挥区域公共设施的作用，用好山水绿地空间，结合公共空间特色，通过年度活动、全天活动、主题活动，使科研学术研讨、产品展示与休闲娱乐活动更好地融合，扩大未来科学城的影响力，提升未来科学城的吸引力。全方位引进创新型企业、科技服务企业、商业企业，以及提供教育、文化、体育等公共服务或设施的社会力量。

第六章

北京经济技术开发区（亦庄）的
发展定位与建设路径

北京经济技术开发区（亦庄）不断完善要素市场化配置的体制机制，以问题导向、目标导向，统筹兼顾、突出重点，协同配合、辐射带动为原则，谋求更高质量、更有效率、更加公平、更可持续的发展。

北京经济技术开发区（亦庄）围绕产业转型升级行动，积极参与全球产业生态重构，以高精尖产业支撑高质量发展，不断提升产业基础能力和产业链现代化水平，着力打造具有全球影响力的科技成果转化承载区、技术创新示范区、深化改革先行区、高精尖产业主阵地。围绕核心技术攻坚行动，以全国科技创新中心建设为抓手，以促进关键核心技术产业化为使命，系统实施"白菜心工程"[1]，瞄准国家战略，注重转化落地，整合优势资源，完善专利管理。围绕城市更新拓展行动，从高质量发展重要载体的高度充分认识土地空间的重要性，围绕扩容和提质并重，加强开发利用，提升利用水平，强化综合管控。围绕一流人才汇聚行动，努力吸引和培育一批世界水平的科学家、科技领军人才、工程师和高水平创新团队，搭建创新创业平台，营造良好生活环境，加强创新创业服务体系建设，为高层次人才合理流动提供优质服务，全面树立人才友好型区域形象。

---

[1] "白菜心工程"由北京经济技术开发区（亦庄）设立，是指为服务国家重大战略需求，打破国际垄断，鼓励行业龙头和骨干企业着力解决制约产业发展的"卡脖子"技术难题、攻克尚未掌握的核心技术或开展具有战略支撑引领作用的重大原始创新，实现推动高水平科技自立自强的重大攻关项目。

第一节　北京经济技术开发区（亦庄）的战略定位和发展目标

一、战略定位

北京经济技术开发区（亦庄）致力于建设具有全球影响力的创新型产业集群和科技服务中心，瞄准国际创新前沿，以加快科技成果转化和产业化为主线，以创新产业集群为基础，围绕新一代信息技术、新能源智能汽车、生物技术和大健康、机器人和智能制造四大主导产业，充分发挥核心地区的产业发展引领作用，统筹带动周边产业提质升级，形成核心地区与多个产业组团协同的产业发展格局，加快建设创新引领、协同发展的产业体系，推进更具活力的世界级创新型城市建设，构筑北京市发展新高地，成为全球经济高质量发展的典范。

1. 具有全球影响力的创新型产业集群和科技服务中心

以打造具有全球竞争力的科技创新生态为目标，建立以企业为主体、以市场为导向、产学研深度融合的技术创新体系。瞄准国际创新前沿，加强应用研究。围绕重点产业领域，建设前沿技术创新中心，打造科技创新人才高地。加强承载支撑环境和服务能力建设，为科技产业提供国际交流合作、研发试验、资源共享的平台服务，为人才提供创新环境和服务保障，构筑科技服务核心。

2. 首都东南部区域创新发展协同区

加强高精尖产业集群创新引领作用，通过构建产业集群输出对接机制，全面带动首都东南部产业组团集群式发展，提升企业创新能力和产业引领能力，打造首都东南部地区创新发展协作平台。

3. 战略性新兴产业基地及制造业转型升级示范区

加快培育具有战略领航性、示范带动性、科技引领性、较高竞争力的战略性新兴产业集群。牢牢把握数字化、网络化、智能化融合发展的契机，优先培育和大力发展一批战略性新兴产业集群，着力引领产业向高端化发展。积极推

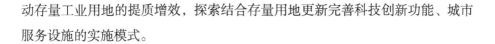

动存量工业用地的提质增效，探索结合存量用地更新完善科技创新功能、城市服务设施的实施模式。

二、发展目标

北京经济技术开发区（亦庄）各阶段发展目标如下。

到 2025 年，全国重大战略产业的核心技术、核心装备取得突破，PCT 专利申请量突破 2500 件，技术创新和成果转化体系相对完备，重点领域和关键环节改革取得明显成效，企业研发经费投入强度超过 2%，营商环境持续优化，规模以上工业总产值突破 6000 亿元（其中核心区完成 5200 亿元），国际合作和竞争优势加快培育，初步建成宜业宜居的高精尖产业新城，成为国家级经济技术开发区高质量发展的典范。

到 2035 年，初步建成产城融合、人才汇聚、功能完备、宜业宜居、活力迸发的高水平现代化新城。城市基础设施完善、人民生活安全舒适，形成宜业宜居的城市环境和中低密度的城市特色风貌。创新驱动发展走在全国前列，集成电路、新能源智能汽车、生物医药、智能装备等国家重大战略产业的核心技术、核心装备取得突破。建成首都科技成果转化重要承载区，进一步集聚高精尖产业，显著提升劳动生产率，使居民收入增长与经济增长同步，引领区域创新协同发展。

到 2050 年，全面建成世界一流的产业综合新城，具有国际范、科技范、活力范的生态绿城、科技智城、活力乐城。亦庄新城建设充满魅力，人民生活幸福安康，成为令人向往的宜业宜居之城。在创新驱动发展战略方面走在世界前列，形成强大的科技实力和创新能力，成为世界主要科技创新高地、伟大企业诞生之地和引领世界的创新活力迸发之地。

第二节　北京经济技术开发区（亦庄）的四大主导产业方向

新一代信息技术、生物技术与大健康、新能源智能汽车技术、机器人和智能制造技术是北京经济技术开发区（亦庄）的主导产业（图6-1）。

　　围绕四大主导产业打造前沿技术创新中心，加强应用基础研究，建立以企业为主体的技术创新体系，推动产学研深度融合和创新链协同，努力实现颠覆性技术创新，鼓励"硬科技"产业集聚发展。加强产业布局统筹，补齐延伸产业链，提高优势产业发展水平，在更大范围、更高层次上发挥科技创新的引领作用。

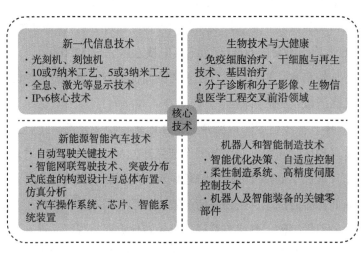

图6-1　北京经济技术开发区（亦庄）四大主导产业

资料来源：《北京经济技术开发区规划（2018—2035年）》。

一、新一代信息技术产业

　　以自主可控、代际领先为方向，以持续实现核心关键技术突破和服务模式创新升级为主线，加快布局集成电路、5G、传感器、下一代互联网、人工智能等新一代信息技术产业，加快基础材料、关键芯片、高端元器件、新型显示器件、关键软件等核心技术攻关，推动下一代移动通信、物联网和云计算等产业形成多极支撑，实现代际升级，打造技术高端、应用广泛、区域协同、持续迭代的新一代信息技术产业集群。

　　推进集成电路自主可控发展。以自主可控为导向，率先组织开展集成电路产学研用一体化突破，推动芯片设计、先进制造、关键设备、零部件、核心材料、先进封测等集成电路全产业链发展，重点布局图像传感器、超高清显示器芯片、存储器芯片、车规级芯片、国产中央处理器（CPU）、功率半导体（IGBT）等芯片设计细分领域，强化制造领域引领地位，加快中芯国际集成电路制造（北京）有限公司产能提升，支持存储器芯片快速量产，提升关键设备核心竞争力，实现刻蚀、薄膜、离子注入等关键装备全布局，形成区域集中、协同发展的集群效应。

推进新型显示软硬融合发展。以代际领先为方向，壮大芯片、模组、整机生产等产业链关键环节，推动新型显示产业多元化技术路径演化，培育面向数字电视网、宽带通信网和下一代互联网的智能显示终端创新集群。布局次毫米发光二极管（Mini LED）、微米发光二极管（Micro LED）及虚拟现实/增强现实（VR/AR）等新型显示产业集群，推动4K/8K超高清视频摄录设备、编辑制作设备、编解码设备等高端制造设备落地发展，打造"5G+4K/8K"融合创新示范区和高地。

加快未来网络产业集群发展。构建移动通信技术应用生态，培育新兴信息技术创新集群，打造技术高端、应用广泛、区域协同、持续迭代的新一代信息技术产业集群。加快构建"基础算力芯片–适配底层算法软件–应用内核引擎"的人工智能产业生态。推动智能交通、智慧城市大数据开放共享，推进数据招商、数据创业，带动算力算法创新型企业聚集发展，构建云、边、端一体化的协同计算生态体系。以5G视频和网络传输协议作为重点突破方向，加速垂直领域的5G商用落地，提升5G网络、千兆固网、政务专网等网络覆盖水平。

结合信息技术发展变化快、代际迭代快的特点，进一步推动科技创新平台与企业的融合发展。地块划分预留一定的弹性，适应有不同空间尺度需求的企业入驻；充分考虑信息技术企业的需求特征，按照多层为主、局部高层的原则控制地块的容积率和建筑高度。

二、新能源智能汽车产业

抢抓汽车产业转型升级重大变革发展机遇，推动技术突破，强化新能源智能网联汽车产业布局，设计开发更多符合未来技术趋势的高端汽车产品，增强高端汽车产业集成带动能力，推进新能源智能汽车引领汽车产业技术变革，打造智慧交通产业创新示范区，构建价值链高端、竞争力领先、集聚度显著的新能源智能汽车产业集群。

构建技术领先、生态完整、集群显著、具有国际影响力的新能源智能汽车产业高地。积极推动高速迭代的创新型科技企业总部和智能制造示范线项目落地，吸引科技创新企业在北京经济技术开发区（亦庄）加速聚集。积极引导模块化零部件产业在京津冀合理布局，推动区域协同发展，在采育镇建设新能源汽车科技产业园，依托新能源产业发展基础，借力对外交通条件的优化，推动汽车零部件企业生产由传统汽车零部件向新能源汽车的关键模块部件升级，培育新能源汽车、智能交通设备等新兴增长点，打造面向京津冀的汽车产业发展桥头堡。支持自动驾驶集成供应商发展壮大，推动实现L4级别以上自动驾驶系统规模化生产，培育具有自主知识产权自动驾驶系统解决方案的创新体系。加快智能网联汽车关键基础共性技术研发，积极引进环境感知、激光雷达、操作平台、车载通信、高精度定位、5G、人工智能等细分领域创新企业，带动传感器、芯片、车用无线通信（V2X）、场景数据库等智能网联汽车上下游产业聚集发展，继续保持北京经济技术开发区（亦庄）在智能座舱、自动驾驶、车联网赛道领域的优势地位。

打造智慧交通产业创新示范区和处于价值链高端、竞争力领先、集聚度显著的新能源智能汽车产业集群。围绕整车企业产品规划布局，吸引核心"三电"① 系统相关头部企业在北京经济技术开发区（亦庄）布局，构建完备的新能源汽车核心零部件供给体系，提升零部件产值比例。瞄准下一代电池技术发展趋势，吸引固态电池、锂硫电池、锂空气电池相关企业落地，推动基础技术突破。快速推进电堆、系统集成与控制、关键零部件等燃料电池核心技术开发和产品攻关，吸引国内外创新研发机构落户，打造京津冀区域自主可控的氢能产业生态圈。全力支持汽车芯片战略联盟开展"产学研资"合作，突破"卡脖

---

① "三电"是指电机、电池、电控系统。

子"技术，通过量产应用引领国产车规级芯片全产业链快速发展，打造以芯片为核心的高端新能源智能汽车生产体系。积极推动国内外具有竞争力的新能源整车项目落地，提升区域新能源汽车市场份额，加强电机、电池、电控相关企业布局，推动新能源汽车智能化融合发展。巩固提升高端汽车集成带动功能，进一步推进核心技术突破，提高工艺集成水平，面向未来前瞻培育智能网联汽车、汽车电子、无人汽车等新兴创新集群，带动新能源汽车科技产业园升级发展。

打造网联云控式高级别自动驾驶示范区。以北京经济技术开发区（亦庄）全域为核心，建设全球首个网联云控式高级别自动驾驶示范区，完成"聪明的车、智慧的路、实时的云、可靠的网和精确的图"五大体系建设。突破网联云控式自动驾驶技术，打通管理关键环节，形成城市级工程试验平台，同时考虑向下兼容，支持低级别自动驾驶车辆的测试运营和智能网联应用场景实现，探索各类企业和各级政府主管部门的业务管理创新，提供基于统一数据底座的城市级应用场景，培育新的市场主体，共享发展机遇，推动技术进步，加速高级别自动驾驶的商业化落地。设立北京市智能网联汽车政策先行区，建立安全高效、创新包容、衔接顺畅、国际一流的智能网联汽车管理政策制度体系，以管理创新推动智能网联汽车道路测试、示范应用和商业运营服务，营造政策友好型智能网联汽车产业发展营商环境，把政策先行区建设成为具有重大引领带动作用的技术和政策创新高地，推动智能网联汽车技术应用和产业发展。

结合新能源智能汽车产业用地规模需求和生产工艺的特殊需求，按照多层为主的原则，做好产业用地的供给，建立车联网开放示范区，进一步配套建设货运联络通道，同步提升交通支撑能力。

三、生物技术和大健康产业

以医学临床应用为出发点和落脚点，聚焦疫苗、细胞治疗药物、基因治疗药物、肿瘤靶向药物、高端医疗器械和人工智能大健康，提升医药产业技术创新能力，建立研发、临床、审批、产业化紧密衔接的服务机制，加快医疗器械产业集聚发展，促进医药医疗融合发展，完善健康产业创新生态建设，打造具有世界影响力的新一代健康诊疗与服务产业集群。

以提升生物医药自主创新能力为目标，推进融合发展，打造具有世界影响力的新一代健康诊疗与服务产业集群。重点发展新型疫苗、细胞治疗药物，基因治疗药物、肿瘤靶向药物等新型产业生态。积极引入中关村科学城、怀柔科学城、未来科学城的科技成果，依托北京亦庄细胞治疗研发中试基地，加大免疫细胞疗法和干细胞治疗药物的研发和产业化力度，强化基因技术创新能力，推出一批临床级干细胞产品、细胞治疗药物和基因治疗药物。在保障现有灭活新型冠状病毒疫苗生产的同时，快速开发重组蛋白疫苗、多肽疫苗，引进 mRNA疫苗平台，全方位地支持感染性疾病的预防性疫苗的研发和产业化。依托疫苗技术平台快速推出肿瘤和自身免疫性疾病等重大非感染性疾病的治疗性疫苗，将北京市疫苗产业集群打造成国家级的生物安全产业支柱。打造国际原创药创新中心，依托北京市的临床研究型医院集群发掘药物新靶点，开发具有新结构、新机制的原创性新蛋白和新化合物，推出具有自主知识产权的原创肿瘤靶向药物和慢性疾病管理创新药物。加强与海淀区、昌平区等生物医药产业优势区域创新联动发展，形成创新孵化到产业落地的有序衔接机制。

聚焦生物技术、高端医疗器械、医学健康服务等重点领域，推动生物技术和大健康产业智能化、服务化、生态化、高端化发展。在分子诊断和分子影像、生物信息、中医药现代化等产业前沿方向进行技术探索，持续培育百亿元规模的龙头企业，持续培育年收入超过 10 亿元的先进产品。鼓励配套建设企业研究院，推进专业化、共享型中试平台和中试线聚集发展。链接整合北京经济技术开发区（亦庄）健康医疗资源，积极支持互联网产业、微电子产业与大健康产业的跨界融合创新，破解临床应用难题，推动创新成果转化落地。依托全球数字健康创新中心（DH400）[①]，打造智慧医疗健康示范高地，以医学临床应用为出发点和落脚点，充分利用北京市的医疗资源，组织跨界力量协同创新，提高临床医学研究成果转化速度和成功率。开展人工智能和大数据在医疗健康领域的

---

① 2020 年，由中国智慧医院联盟发起的 DH400 工作组成立。"DH"是指数字健康，"400"代表 100 家国内外重点医院、100 家生物医药企业、100 家科技企业、100 家金融投资机构。

创新应用，加快推动远程医疗、线上就诊、线上药房等新服务产品的上市和推广。打造中医药创新转化基地，强化数字技术和人工智能在中医药发展中的作用，加速中医药院内制剂的转化和应用，充分发挥中医药治未病的能力，推动中医药产业化和国际化。

结合生物技术产业的用地需求特征，适当细分地块，预留公共服务平台用地，并按照多层为主的原则控制地块的容积率和建筑高度。

四、机器人和智能制造产业

以打造新型制造体系"排头兵"为目标，聚焦智能机器人、智能制造装备、航空航天产业发展，加快推动智能工厂、重点产业基地和应用生态示范区建设。加强机器人和智能制造技术集成创新，提升智能制造系统集成能力，打造全国高端装备产业创新示范区和系统解决方案策源地。

加强机器人技术研发创新，推进智能装备产业集群规模发展。搭建机器人产业共性技术平台，建立机器人质量检测、型式试验、企业中试、标准验证、产品研发等一站式检验检测公共技术服务平台。围绕智能机器人等重点领域，聚焦智能机器人关键及前沿技术、智能机器人整机及系统集成、智能机器人系统模块及零部件，加强重大技术装备研发创新，加强位于长子营镇的军民结合产业基地的智能装备集群布局力度。做优做强一批传感器、智能仪表、控制系统、伺服装置、工业软件等领域的专精特配套企业，推进仿人仿生机器人、智能服务机器人、协作机器人、航天机器人、农业机器人等标志性创新产品制造。针对国家公共安全需求，面向航天、航空、救援及水面特殊作业等领域，发展空间机器人、救援机器人、水面/水下机器人等特种机器人。加强高精度减速器、伺服电机和控制器等关键构件环节布局，推动机器人安全控制、高集成度一体化关节、灵巧手等技术创新企业聚集发展。

推进智能制造技术集成突破。面向电子、汽车、医药等行业数字化转型需求，打造一批具有自主攻坚能力的国家制造业创新中心、产业创新中心，打造企业智慧赋能产业生态。创新高端数控机床的协同攻关机制，着力发展高档数控机床和五轴加工中心、复杂结构件数控加工中心，发展高性能光纤传感器、视觉传感器、微机电系统传感器等工业高端传感器环节，推动新一代芯片制造成套工艺与装备发展。聚焦智能传感与控制、智能检测与装配、智能物流与仓储等领域，培育一批柔性制造、模块化机械臂、伺服控制等领域的专精特新企业。面向航空航天、汽车、海洋工程、轨道交通等重点领域，前瞻培育海、陆、空、天自主无人载运操作平台和复杂无人生产加工系统等。强化无人机、智能电力等创新应用，建设光机电一体化基地，以智能制造中心为发展目标，围绕机器人与智能制造产业，打造全国高端装备产业创新示范区和系统解决方案策源地。

确定合理的用地划分方式和容积率，满足企业建设多层厂房、配套建设蓝领公寓的需求。鼓励企业搭建跨区产业空间拓展平台，进一步加强区域之间的产业协作。

第三节　北京经济技术开发区（亦庄）的创新创业生态体系

一、强化创新要素集聚和创新产业策源功能

围绕高精尖产业发展积极推动空间优化与功能重组，做强高精尖产业的总部经济、总装集成、系统集成等核心环节，做强对接"三城"的技术成果放大承接平台，面向创新型企业发展全流程的孵化、中试、集成服务功能，打造成为带动北京市东南部地区、辐射京津冀的创新型产业策源地。

（1）建设科研、中介、平台三位一体的服务体系，营造具有国际竞争力的创新创业环境。加强科技服务，完善应用研究和科技转化的研究型服务设施，优化提升研究开发、技术转移、检验检测认证、创业孵化、知识产权服务、科技咨询、科技金融、科学技术普及等专业化服务，充分利用国家融资担保基金、北京市科技创新基金等各类产业金融资源服务实体经济和支持技术创新，促进科技与文化融合发展，全面提升科技服务业发展水平。提升中介服务，推动先进制造业和现代服务业深度融合，推动生产性服务业向专业化和价值链高端延伸，完善法律、会计、人力等咨询类型的服务设施，鼓励发展金融服务、

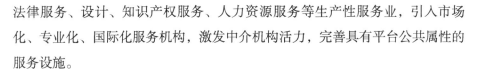

法律服务、设计、知识产权服务、人力资源服务等生产性服务业，引入市场化、专业化、国际化服务机构，激发中介机构活力，完善具有平台公共属性的服务设施。

（2）布局产业技术创新中心，支持制造业提质升级。聚焦国家战略目标，面向世界科技前沿、国家战略需求和产业创新发展需要，鼓励企业加大研发投入，建设国家技术创新中心、国家产业创新中心和国家制造业创新中心，突破关键核心技术。支持龙头企业整合科研院所、高校的力量，建立创新联合体，推动建设国家重点实验室。坚持企业主体，服务国家战略，围绕集成电路、光刻机零部件、新型显示、原创新药、下一代互联网、人工智能、新能源智能汽车等重点领域，建设一批产业技术创新中心。加快产业中试基地建设，在北京经济技术开发区（亦庄）建设中关村科技成果产业化先导基地、国家技术转移中心和国际科技合作基地。加强国际合作，落实北京市新一轮服务业扩大开放综合试点政策，鼓励跨国公司地区总部和研发、制造、销售、贸易、结算等功能性机构在北京经济技术开发区（亦庄）布局，建设国际科技产业合作园区。

（3）提高产业承载能力，同步建设知识产权服务、科技金融服务、成果转化等产业配套设施，提供科技成果转化全过程服务。高标准建设国家科技创新基地，建设公共技术服务平台和中试基地，完善创新发展服务设施，积极营造有利于高精尖产业发展的生产环境和社会环境。建立符合高质量发展根本要求的产业规划体系，引进培育龙头企业和隐形冠军企业，优化产业结构和空间布局，推进产业迭代升级。构建高质量发展指标体系，建立项目科学评估论证机制，严把准入门槛，做精产业选择。加强政策集成创新，建立项目全生命周期管理服务体系，促进资金、人才、技术等要素聚集，鼓励企业实施智能制造和绿色制造技术改造，有序淘汰落后产能。提高居住、教育、文化、体育等城市生活服务设施建设水平，积极营造有利于人才聚集的高品质生活环境。

二、承接北京市"三城"科技成果转化

北京经济技术开发区（亦庄）着力建设"三城一区"科技成果转化主平台，把握科技创新产业的应用研究环节，进一步强化与中关村科学城、怀柔科

学城、未来科学城的协同合作，促进尖端科技成果转化，实现三大科学城科技创新成果产业化，形成创新成果转化合力，提高产业的战略领航性、示范带动性、科技引领性，推动制造业结构转型，率先建成具有全球影响力的科技成果转移转化示范区。

（1）建设承接中关村科学城创新成果的中试放大服务平台。加快建立北京经济技术开发区（亦庄）自身的科技创新平台，支持企业与在京高校、科研院所开展技术交流合作，加快形成中关村科学城孵化、北京经济技术开发区（亦庄）中试放大的创新成果转化协作模式，做好北京经济技术开发区（亦庄）与中关村科学城在新一代信息技术方面的协同攻关。

（2）搭建企业参与怀柔科学城基础研究和原始创新的平台。推动科学研究与技术研发相互依托、协同突破，鼓励企业参与国家重大科技基础设施建设，完善运行管理机制，实现共建、共享、共用，促进怀柔科学城生命科学领域原始创新成果的转移转化。

（3）强化与未来科学城中央企业的对接合作。建立与未来科学城的重大项目对接机制，拓宽北京经济技术开发区（亦庄）内企业与未来科学城中央企业的合作通道，推进共性技术研发，加强重大共性技术研发创新平台建设，做好北京经济技术开发区（亦庄）与未来科学城在智能制造方面的协同发展。

三、优化京津冀创新协同

带动北京市南部地区产业发展水平整体提升，构筑科技创新成果转化、改革创新、扩大开放三大新高地。进一步发挥北京经济技术开发区（亦庄）对南部科技创新成果转化带的龙头引领作用，聚集高端制造业、战略新兴产业、企业总部、科研院所等，辐射联动南部地区的中关村丰台园、房山园、大兴园等，打造具有国际影响力的创新产业集群，带动南部地区制造业转型升级。加强北京经济技术开发区（亦庄）对北京城市副中心的服务与支撑，推动台湖镇、马驹桥镇地区与亦庄新城核心区一体化发展。落实《促进城市南部地区加快发展行动计划（2018—2020年）》，积极参与建设北京大兴国际机场临空经济区，引导周边城镇特色化发展。

进一步做好向河北省相关产业园区的产业梯度转移，推广京冀共建曹妃甸协同发展示范区的共建模式，通过设立产业发展基金和协同发展投融资公司，搭建合作园的规划、招商服务平台，鼓励北京经济技术开发区（亦庄）内企业的生产环节向外疏解，为高精尖产业发展腾挪空间，提高北京市东南部与河北省跨界地区的产业发展水平，推动区域产业结构升级。发挥京津冀开发区创新发展联盟的作用，北京经济技术开发区（亦庄）全力支持雄安新区建设，打造优势互补、良性互动的京津冀高端智能制造产业走廊。

四、建设支撑创新的公共服务设施

以北京经济技术开发区（亦庄）为实施主体，打造一批文化多元、交通便利、生活宜居、服务设施有保障、创业发展有支撑的国际化特色区域，为国内外人才创新创业搭建良好的平台。按照租售结合的模式开展国际人才社区建设，配建国际学校和医疗卫生设施，提高服务能力和对国际人才的吸引力。支持北京经济技术开发区（亦庄）国有经济布局优化、结构调整、战略性重组，促进国有资产保值增值；推动建立以管资本为主的国有资产监管体制。鼓励国有企业发展绿色工业地产，建设标准厂房，探索超级工厂模式，为高端项目量身定制产业空间。以国有低效存量产业用地更新和集体产业用地整治改造为重点，积极释放存量空间，促进产业转型升级。

建设全球数字经济标杆城市先行区。加快推动数字产业化，分梯队、分重点推进不同科技的产业链发展，构建成熟的数字技术生态，促进转化期数字技术规模化发展，鼓励新兴数字技术试错应用。创新拓展 5G 新业态，建设区块链产业集群，扩大人工智能技术优势，深化云计算创新应用。推进产业数字化转型，深化与行业龙头企业的战略合作，力争在工业互联网、智能制造等领域取得突破。支持传统工厂开展数字化改造，提升工业企业数字化水平，建设智能制造应用示范及标杆工厂。搭建供应链等供需对接平台，为中小企业数字化转型赋能，探索数字技术在京津冀协同发展中的作用。利用网络平台提供数字化和云端化服务设施，节省公共服务的空间成本，提高服务效率，扩大服务范围。将人工智能、图像识别与物联传感技术应用于道路监控、人员管理等，利用智慧监控加强社区安全管理。

强化创新走廊的产业平台和服务平台功能。植入产业服务、商业服务、休闲娱乐、文化创意等功能，布局生产研发功能设施和小型商业便利服务设施，增加多种交往空间，提升创新走廊活力。吸引高校、研究机构等高水平研发机构，集聚创新型企业，强化创新交流。在创新走廊沿线或交汇处，设置服务于生产、生活的公共服务设施，采用"1+7+X"[①]式公共服务设施配套方式，建设非正式交流空间和服务设施相结合的创新家园中心。

以应用研究和开发研究服务为重点，为产业提供充足的人才资源与技术储备，通过企校共建研究院、高校科技园和博士后工作站等服务设施，营造产学研一体化的产业发展氛围。科研类服务设施可以利用科研用地、研发设计用地、工业研发用地和其他多功能用地进行选址建设。对分散、低效的存量工业用地（包含物流仓储用地）进行更新改造，以适应新业态、新技术、新产品发展趋势。加强存量更新用地用途管制，优先用于发展高精尖项目，进一步补充完善科技创新功能，推动制造向智造转型发展；优先用于增建公共绿地、加密路网，增设公共服务设施，补齐基础设施建设短板。

---

① "1"是指联合社区服务中心、街道办事处、社区文化中心和社区体育中心等集中集约建设的综合服务中心；"7"代表需要独立占地的养老、教育、商业等7类公共服务设施；"X"代表依据实际生活和产业发展需求配置的公共服务设施。

第七章

北京创新产业集群示范区（顺义）的发展定位与建设路径

北京市建设全国科技创新中心，需要从供给侧和需求侧两端发力，释放新需求，创造新供给，推动新技术、新产业、新业态蓬勃发展，构建高精尖经济结构。2017年，顺义区作为创新产业集群示范区被纳入全国科技创新中心建设北京市"三城一区"主平台，并先后被国家确定为全国双创示范基地、国家产融合作试点城市（区），成为推动科技创新成果转化和产业化、助力首都建设全国科技创新中心的重要力量。同时，顺义区是北京市重要高端产业基地，发展创新型产业集群，加快科技成果转化的方向更加明确，这有利于提高顺义区实体经济竞争力和自主创新能力，增强科技在经济社会发展中的地位和作用。

近年来，顺义区加快推进"产业经济与城市经济融合、制造业与服务业融合、工业和信息化融合"发展内容，走出了一条产业优化升级、就业优质充分、人口总量控制、经济社会协调、城乡统筹发展的道路，产业发展基础优势突出，已经成为首都发展速度最快、最具发展潜力的地区之一。顺义区形成了以绿色制造、智能制造为基础，临空经济、现代服务业为主导，科技创新、战略性新兴产业为引领的现代产业体系，打造了以汽车、航空产业等2个千亿级产业集群，电子信息、都市工业、装备制造、基础与新材料产业等4个百亿级特色产业及生物医药产业等一批几十亿级产业为支撑的发展格局。

随着国家高质量发展战略的实施，以及北京市产业转型升级和高精尖经济结构加快形成，顺义区发展面临产业调整压力不断增大，资源和环境约束不断趋紧、劳动力等生产要素成本不断上升等外部环境，主导产业发展乏力、新兴产业动能不足、科技创新能力仍需强化、土地资源利用效能亟待提升、资源整合协同能力急需增强等问题更加突出。

顺义区加快推进北京创新产业集群示范区建设，以承接中关村科学城、怀柔科学城、未来科学城科技成果转化为基础方向；聚焦发展新能源智能汽车、第三代半导体、航空航天等创新型产业集群，打造科技含量高、智造水平高、产出效益高的实体经济结构。围绕"转型升级、新型园区、产城融合、产融合作"等探索"顺义模式"，进一步支撑北京市高精尖产业发展。

第一节　北京创新产业集群示范区（顺义）的战略定位和发展目标

一、战略定位

北京创新产业集群示范区（顺义）充分发挥区位优势、资源优势、产业优势和政策优势，加快培育发展新经济、新模式、新业态、新动能，重点聚焦新能源智能汽车、第三代半导体、航空航天三大创新型产业集群，推动传统制造向智能制造转型，在北京市全国科技创新中心建设中形成特色板块，紧密对接中关村科学城高端创新要素资源、怀柔科学城前沿科技要素资源及未来科学城集成技术创新资源，以科技成果转化为核心打造创新产业集群示范区，打造具有核心竞争力的产业高质量发展增长极、首都创新驱动发展的前沿阵地。

1. 首都创新驱动发展的前沿阵地

集聚高精尖产业要素资源，集中实施一批大工程和大项目，引导企业加大创新投入，建设一批产业创新主体，集聚国内外高精尖人才，推动产业智能化、现代化、国际化，推动智能制造与高端服务融合发展。在新能源智能汽车、第三代半导体、航空航天领域打造千亿级产业集群，围绕创新产业集群体系，以龙头领军企业为基础，促进产业链、产品链、创新链、资金链协同联动，着力发展高端高新产业，在一批技术创新关键领域建立领跑优势，打造世界标杆，形成北京市实体经济创新发展的重要支撑，打造首都科技创新发展的前沿阵地，成为北京市高精尖产业发展的新增长极。

2. 科技成果转化与产业化承载地

围绕全国科技创新中心建设的总体目标，面向北京市三大科学城乃至全球中高端创新要素资源承接转化需求，以全球视野、国际标准，构建要素齐全、功能完善、开放协同、专业高效、氛围活跃的高精尖产业发展生态环境，将技术创新作为推动传统产业提质增效、新动能培育及未来产业导入的重要牵引，加强创新成果培育，促进创新成果转化和产业化，聚焦科技成果转化要素功能提升、科技成果转移转化生态营造，围绕创新转化需求，汇集高端人才、前沿知识、核心技术，促进产业发展与城市功能融合、人口与产业集聚相协调，着力推动科技成果在顺义区转化与产业化，分类促进顺义全区产业提质增效，将顺义区建设成为立足首都、面向京津冀、辐射全国的科技成果转化与产业化承载地。

3. 智能制造创新发展示范区

以智能制造为核心，抢占一批全球产业技术创新制高点，以高端化、智能化、绿色化、服务化为发展道路，着力推进制造业供给侧结构性改革，搭建和谐共生的创新生态体系，形成领军企业支撑、创新创业型企业繁荣的产业格局。突出核心技术和品牌产品的带动作用，依靠协同创新拉长完善产业链条，实现技术和产品上中下游紧密衔接，提高集群整体竞争力，推动发展模式从单一企业向产业集群转变，从加工制造向智能制造转型，在推动传统产业智能制造应用升级、构建高端产业体系、多元协同推动制造业转型升级等方面形成示范，在全国乃至全球产业转型发展中发挥引领作用。

二、发展目标

根据《北京创新产业集群示范区（顺义）发展规划（2017—2035 年）》，北京创新产业集群示范区（顺义）分阶段建设目标如下。

到 2020 年，北京创新产业集群示范区（顺义）建设初具规模，国家级高新技术企业突破 1000 家，规模以上工业总产值突破 2200 亿元，规模以上工业企业研发投入强度达到 3.0%。产业辐射带动能力、城市环境的支撑能力显著增强，初步形成辐射全国、引领京津冀的创新型产业集群，高端要素支配能力明显增强，人才、技术、资本、创新对经济发展的贡献率显著提升。

到 2025 年，国家高新技术企业突破 2000 家，规模以上工业总产值突破 4500 亿元，规模以上工业企业增加值率达到 31%。围绕新能源智能汽车整车及核心零部件、第三代半导体、航空发动机等领域建设一批产业创新中心。

到 2035 年，规模以上工业产值达到 12000 亿元，科技成果转化示范效应与溢出效应明显，集聚一批创新活力强的国际知名企业，培育一批具有核心竞争力的领军人才与核心团队，突破一批在国际处于领先地位、填补国内外空白的关键核心技术，成为首都创新驱动发展的前沿阵地、科技创新成果转化主要承载区、高精尖产业发展的新增长极。

到 2050 年，顺义全区高精尖产业要素高度集聚，创新成果转化生态体系要素齐全、功能完善、专业高效，氛围活跃，成为全球创新资源网络的重要枢纽、国际创新成果转化和产业化的汇聚中心。

第二节　北京创新产业集群示范区（顺义）的产业布局

围绕现有优势领域及高成长领域，以集聚全球高端资源、塑造全球知名品牌、制定国际行业标准、推动全球行业模式创新等方式提升世界影响力，吸引和凝聚一批国内外高精尖创新主体，以承接大工程大项目为牵引，以关键核心技术研发和重大技术集成与应用示范为突破，打造新能源智能汽车、第三代半导体及航空航天产业三大创新型产业集群，培养新一代信息技术、智能装备、医药健康三大新兴产业，提升智能制造水平，形成基础雄厚、引领性强的创新型产业集群，打造高精尖产业新增长极。

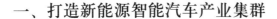

一、打造新能源智能汽车产业集群

紧紧围绕新能源、5G 通信、人工智能等要素，通过新能源汽车带动智能网联汽车实现产业链、产品链、资金链、生态链融合发展，建设北京新能源智能汽车产业研发生产基地、全国新能源智能汽车创新技术策源地、具有世界影响力的新能源智能汽车创新与应用中心。新能源汽车主要以奔驰新能源整车为龙头，带动电池、电机、电控等上下游产业布局，并推动北京现代汽车向混合动力与燃料汽车方向转型，推动氢燃料产业链布局；智能网联汽车主要以 5G 通信为核心，带动芯片、智能硬件、云计算、高精度地图等产业链集成创新，形成"车、路、云、网、图"于一体的协同智能生态。

围绕整车项目打造新能源智能汽车生产基地。加快打造北汽 – 奔驰新能源整车生产基地，重点发展纯电动乘用车、纯电动越野车，建成国内一流的新能源汽车制造基地。以智能制造为核心，逐步构建创新能力强、智能化水平高、配套设施完善、示范应用领先的新能源汽车整车制造体系。

完善新能源汽车核心零部件及智能网联汽车关键系统。围绕新能源汽车整车需求，完善电机、电池、电控等核心零部件产业体系及配套汽车服务。积极引入一批智能网联汽车车用传感器、毫米波雷达、智能芯片、精准地图等的研发设计与产业化项目。建设涵盖新能源智能汽车设计、试验试制及体验、示范等功能的科技创新资源聚集高地。

推进现有传统整车项目改造升级。立足已有基础，围绕"研发筑优势、创新促转型、配套强能力、服务增效益"，积极改造提升传统汽车产业，引导传统整车企业向产业链上下游延伸，鼓励和支持北京现代汽车有限公司、北京汽车集团有限公司巩固和提升整车设计、研发、生产、销售和服务能力，不断提升智能制造水平、产品档次和产业附加值。

打造具有国际一流水平的智能网联汽车创新生态。推进 200 平方千米智能网联汽车创新生态示范区建设，建成 80 万平方米国际领先的封闭测试场，全开放测试道路覆盖示范区全域，国家级智能网联汽车测试平台、5G 车联网大数据平台、智慧交通服务平台等建成运营，实施自动接驳、分时租赁、无人清扫、智慧物流等自动驾驶多场景应用，推动新能源智能汽车与 5G 通信、车联网、大数据、人工智能、算法软件、高精度地图、传感芯片、虚拟仿真等融合发展，推动智能汽车与智慧交通的创新体系建设，打造人、车、路、云、网、城市开放协同的创新发展平台。

二、打造第三代半导体产业集群

以新能源汽车、5G 通信、能源互联网等重大应用需求为牵引，优先突破芯片器件环节、重点发展材料环节，夯实装备产业基础，按照龙头企业带动、重点项目支撑、园区化承载、集群化发展四个总体要求，根据平台建设、集群形成、提质增效的建设步骤，将顺义区打造为第三代半导体产业链条完整、规模集聚效应明显、技术创新成果显著、辐射带动能力强、成果转化和溢出效益大、金融支撑体系完善、国内最具规模和影响力的第三代半导体技术创新策源地、产业发展先行示范区和成果转移转化辐射源。

超前布局要素资源和产业服务，加强产业协同创新。通过主动招引、整合国内外技术创新资源，围绕重大项目共性需求，推进国家制造业创新中心、国家技术创新中心、国家重点实验室、国家工程实验室、国家工程技术研究中心、国家企业技术研究中心、国家质量监督检测中心等国家级载体平台落地，承接国家及北京市重大科技专项，实现第三代半导体材料的跨越式发展。

加快领军企业引入，实现全产业链规模化生产。瞄准光电子、电力电子和射频微波三大应用领域，充分发挥第三代半导体高光效、高功率、高电压、高频率、高工作温度和强抗辐射能力的先天优势，加快中国电子科技集团公司第十三研究所的重点项目建设，积极引进国内外一流的第三代半导体研发及生产型企业，完善产业链上中下游各环节，实现第三代半导体材料全产业链规模化生产。

围绕功能载体与产业联盟组织，构建产学研用技术供给平台。面向第三代半导体产业起步发展需求，超前布局工业设计服务、标准制定、投融资服务等产业服务体系。以北京市半导体材料及应用联合创新基地、第三代半导体产业技术创新战略联盟等功能载体及产业联盟组织为核心，充分联合高校、科研机构、企业和用户等，通过共同投入、风险共担、利益共享的合作模式，建立完整的产学研用创新链，建成网络化与实体化相结合的产业技术供给平台，实现第三代半导体技术创新与产业化的无缝对接。

三、打造航空航天产业集群

着力打造北京现代航空航天产业集聚区、京津冀航空航天关键技术产业化基地和全国航空航天产业军民融合创新示范区，依托"两机"①重大专项，充分发挥中航国际产业园空间承载功能，促进北京航空材料研究院、中国航空发动机研究院更多科技成果在园区转化和产业化，围绕航空发动机制造，推动高温合金涡轮叶片、复合材料、航电系统等产业化；依托首都国际机场优势资源及北京天竺综合保税区、临空经济示范区等平台优势，大力发展航空维修、航天技术服务、地理信息、北斗导航、卫星遥感等高技术服务，推动一批民营航空航天企业实现军民融合发展。

增强发展动能，促进中航国际产业园重点项目做大做强。强化与中国航空发动机集团有限公司的对接协同，充分发挥中航国际产业园空间承载功能，促进中国航空发动机研究院更多科技成果在园区转化和产业化，推动中航发动机高温合金涡轮叶片、复合材料、航电系统等项目发展壮大。

聚焦高端环节，着力引进一批重大航空航天产品专项。加快重大项目落地建设，以大型飞机、通用航空飞行器、支线飞机、无人机研制生产需求为牵引，集中发展关键配套技术与产品，推动航空发动机、航空材料、航空电子的研发与制造。

释放平台优势，大力发展航空航天高技术服务产业。依托首都国际机场优势资源及北京天竺综合保税区、临空经济示范区等平台优势，大力发展航空维修、航天技术服务、地理信息、北斗导航、卫星遥感等高技术服务。

加快军民融合，推动航空航天产业要素集聚发展。依托中国航空工业集

---

① "两机"是指航空发动机和燃气轮机。

团有限公司基础技术研究院，与航空科研院所开展对接合作，重点与中国信息通信研究院、中国航空综合技术研究所、中国航空工业发展研究中心、中国科学院空天信息研究院等开展合作。加强军民融合协作，推动一批国家重点工程项目在顺义区论证和规划实施，围绕重大型号任务推进军地科技资源的相互开放，提升航空航天高端装备与系统领域公共信息、检验检测、中试验证等专业服务能力。

第三节　北京创新产业集群示范区（顺义）的要素集聚

顺应新一轮科技革命发展趋势，打通技术创新成果在顺义区孕育、孵化、转化、产业化的全链条，集聚力量解决一批顺义区及京津冀重点产业发展中创新瓶颈问题，争取一批重大项目，落地一批应用实验室，壮大一批创新型企业，在若干技术创新领域打造国家知名度，打造首都创新驱动发展的前沿阵地。

一、搭建创新生态体系

以创新生态体系整合北京创新产业集群示范区（顺义）企业生态、市场生态、技术创新生态、政府服务生态与金融生态，利用顺义区优质的生活配套资源，支撑"热带雨林式"的综合创新生态体系。培育具有根植性的区域创新体系，围绕北京市"三城一区"总体战略，将资源、产业链和制度创新三者统筹结合，进一步推进创新改革试验。

围绕新能源智能汽车、第三代半导体、航空航天产业发展中关键技术突破，整合优势资源；面向制造业创新发展的重大需求，建立以企业为主体、市场为导向、政产学研用紧密结合的制造业技术创新体系，链接优势资源，实施联合创新和集成创新，培育一批制造业创新中心与技术创新中心，打通全产业链、全产品链、全资金链。

围绕三大高精尖产业发展需求，按照突出引导、加强集聚、链式联动、重点推进的总体思路，加强对创新型骨干企业的发现、招引和支持力度，支持它们在重大关键技术研发、产业创新联盟构建、高层次创新平台建设、人才技术集聚等方面率先实现突破，形成一批主业突出、行业引领能力强、具有国际先进技术水平和国际竞争力的创新龙头企业。

推进产品及功能服务延伸，在北京创新产业集群示范区（顺义）围绕三大千亿产业集群打造一批上下游关联、横向耦合发展、具有综合竞争力的优势产业链。聚焦强链、补链、延链，推动传统优势产业从半成品向产成品转化，从粗放低效向优质高效提升，从产业链低端向中高端迈进，从短链向全链循环发展，实现产业向中高端攀升。

引导中小企业与龙头骨干企业开展多种形式的经济技术合作，建立稳定的供应、生产、销售协作、配套关系，提高专业化协作水平，推动中小企业向专、精、特、新发展，培育和发展一批成长性好的企业。

二、强化创新资源配置

强化国际科技创新资源配置。充分发挥首都机场在人流、货流、信息流、资金流等方面的集聚作用，依托北京创新产业集群示范区（顺义）环绕首都机场的区位优势，强化机场及临空经济示范区产业集聚和综合服务功能，延伸面向周边区域的产业链和服务链，实现更大范围、更广领域、更高层次的资源配置，促进合作共赢。依托世界智能网联汽车大会永久会址、第十届中国卫星导航年会、工业互联网标识解析国家顶级节点等重大世界级平台，发挥区内首都国际机场、新国际会展中心和天竺综合保税区等的功能优势和门户作用，围绕世界前沿科技成果转化需求，在自动驾驶、5G、工业互联网、智能制造等领域形成产业链集聚，强化与国际创新资源的合作对接。

充分发挥顺义区的国际化环境优势，把集聚高端人才作为推动制造业高质量发展的重要先导与支撑性工作。围绕高精尖产业发展和科技成果转化，打造创新人才发展高地。充分发挥区内首都国际机场、综合保税区、国际会展中心的功能优势，完善外国人集聚的中央别墅区、祥云小镇发展配套，提升外国人服务大厅的服务能力，加大人才公租房供给，打造人才交流平台与职业发展平台，高标准规划建设国际人才社区，营造"类海外"人才生态环境及尊重人才、包容人才、发展人才的文化氛围。

围绕国际交往功能区建设，打造以首都国际机场、天竺综合保税区、新国际会展中心为核心，集展会、论坛、大赛、示范为一体的创新成果展示示范区，持续开展国际峰会、行业对接、企业洽谈、产品展示等多种形式的国际创新成果展示与交流活动。以空港及周边地区为主要载体，设立国际创新成果展区、国际创新成果转化展区、国际知名企业及品牌科技创新展区等，集中展示汽车、航空航天、第三代半导体等重点领域的科技创新成果，积极打造国际性技术转移会展品牌。

三、强化与北京市"三城一区"常态化对接

建立与北京市"三城一区"合作对接的平台。立足北京创新产业集群示范区（顺义）的产业基础与发展特色，强化与中关村科学城、怀柔科学城、未来科学城的承接转移转化，形成创新成果的早期关注、信息汇交、匹配筛选、持续跟踪、管理促进，实施与北京经济技术开发区（亦庄）的错位协同发展；积极探索开展转移转化全要素协同发展体系，建立区域间优势互补、错位竞争、资源共享的新型合作模式。

对接中关村科学城。在合作对象上，建立与中关村高校、科研院所、创新孵化基地、联盟协会、领军企业合作的平台；在产业领域上，推进中关村科学城的智能网联汽车算法、软件、地图、芯片等科技成果与北京创新产业集群示范区（顺义）的新能源智能汽车产业，中关村科学城的人工智能、下一代通信与互联网、大数据等科技成果与北京创新产业集群示范区（顺义）的航空航天、工业互联网等产业，中关村科学城的前沿新材料、尖端装备制造环境等科技成果与北京创新产业集群示范区（顺义）的第三代半导体、航空航天、智能制造等产业形成转移转化生态与融合发展局面。

对接怀柔科学城。在合作对象上，建立与中国科学院相关研究所、国家重点实验室、前沿交叉研究单位合作的平台；在产业领域上，推进怀柔科学城新能源动力电池国家创新中心的科技成果与北京创新产业集群示范区（顺义）的新能源智能汽车产业，怀柔科学城的先进光源、空天环境装置等科技成果与北

京创新产业集群示范区（顺义）的航空航天产业形成转移转化生态与融合发展局面。

对接未来科学城。在合作对象上，建立与未来科学城的中央企业研发机构、国家重点实验室、创新中心合作的平台；在产业领域上，推进未来科学城的新能源产业中的新一代制氢技术、储能技术、先进燃料电池技术与北京创新产业集群示范区（顺义）的新能源智能汽车产业，未来科学城的关键材料产业中的宽禁带半导体材料、光电子材料、石墨烯材料、轻量化材料等科技成果与北京创新产业集群示范区（顺义）的第三代半导体、新能源智能汽车等产业形成转移转化生态与融合发展局面。

对接北京经济技术开发区（亦庄）。注重错位竞争、优势互补与协同发展。在新能源智能汽车领域，北京经济技术开发区（亦庄）侧重于自主品牌新能源创新，北京创新产业集群示范区（顺义）侧重于合资品牌新能源创新和氢燃料电池汽车创新，北京经济技术开发区（亦庄）在该产业领域具有前端研发、系统集成、工程化开发试验优势，可与北京创新产业集群示范区（顺义）在整车制造全产业链升级方面、自动驾驶示范应用方面形成协同发展。在其他产业领域，北京创新产业集群示范区（顺义）的第三代半导体产业与北京经济技术开发区（亦庄）的集成电路产业可以形成配套互补，北京经济技术开发区（亦庄）以传统硅材料集成电路为主，北京创新产业集群示范区（顺义）培育发展第三代半导体材料及功率器件产业化等；北京创新产业集群示范区（顺义）的航空航天产业可对接北京经济技术开发区（亦庄）的机器人及智能装备新技术新产品，推动双方产业应用升级与做大做强。

第八章

北京市"三城一区"规划实施进展评价

自北京市"三城一区"的规划实施以来，中关村科学城、怀柔科学城、未来科学城、北京经济技术开发区（亦庄）和顺义区对标各自2020年阶段性目标要求，持续推动重点项目和工作任务落实落地。

中关村科学城建设具有全球影响力的科学城取得重大进展。着力打造科学创新出发地、原始创新策源地、自主创新主阵地，海淀区境内外上市公司总数达222家，科技创新实力和世界影响力进一步提升。创新发展源头布局不断完善，高速碳化硅刻蚀、超微型无源无线可信芯片、类脑芯片等多项技术取得突破性进展。积极布局新基建项目，建成并启用海淀城市大脑展示体验中心，支持北京人工智能公共算力平台、工业互联网智能化协同制造服务平台建设，自动驾驶示范区一期开放道路52条，推动智能科技创新园建设。制定发布《关于中关村科学城新时期再创业再出发提升创新能级的若干措施》《中关村科学城北区发展行动计划》，为提升中关村科学城创新能级赋能。

怀柔科学城城市框架扎实起步，牢牢把握北京市城市总体规划、怀柔科学城规划、怀柔区分区规划的关系，落地布局的26个科学设施平台项目全部开工或启动建设。高能同步辐射光源等5个大科学装置建设加速推进，综合极端条件实验装置土建工程正式竣工，地球系统数值模拟装置主体结构和二次结构已经完工；第一批5个交叉研究平台进入设备采购安装阶段，第二批5个交叉研究平台目前均已完成土建工作；中国科学院"十三五"科教基础设施加快建设，脑认知功能图谱与类脑智能交叉研究平台等 7 个项目进入正式施工阶段。设立怀柔科学城成果转化专项资金,安排科技经费 2.3 亿元;推动创新小镇建设,创业黑马科创加速总部基地启动运营,中国科学院大学怀柔科学城产业研究院、魏桥国科研究院正式挂牌。深入落实"科学 + 城"的要求,加快推进城市客厅、科学之光、国际人才社区、雁栖河生态廊道等一批配套设施项目建设,全面构建科学创新生态体系。

未来科学城重点聚焦医药健康、先进能源、人工智能、科技服务等领域,加强与现有产业功能区融合互动,不断强化"两谷一园"① 建设。东区的"能源谷"进一步强化创新要素布局,国家电力投资集团氢能科技发展有限公司氢能产业科技创新基地落户,膜电极生产线完成设备调试,大数据协同安全国家工程实验室一期平台基本建成,按照"一企一策"的原则推动 13 个中央企业引入。西区的"生命谷"集聚生命科学和大健康产业链条的上下游环节,目前共集聚了 600 余家创新型企业和科研院所,百济神州(北京)生物科技有限公司、华辉安健(北京)生物科技有限公司入驻北京生命科学研究所科研成果孵化转化基地,北京诺诚健华医药科技有限公司抗肿瘤创新药物生产基地项目落地,全国首家研究型国际医疗产业转化平台暨高博国际研究型医院开工。未来科学城创新活力初显,初步建成绿色宜业、功能完善的城市载体。

北京经济技术开发区(亦庄)在产业发展、科技成果转化、技术创新、城市规划建设管理、体制机制改革、对外开放等方面取得一批创新改革成果,围绕"四区一阵地"② 的功能定位,聚焦创新型产业集群,着力推进新一代信息技术、汽车和新能源汽车、生物医药和大健康、机器人和智能制造等 4 类重点产业集群建设,构建"产业联盟 + 研究院 + 专利池 + 技术交易平台 + 基金 + 特色产业园"六位一体的创新生态体系。智能制造产业集群向千亿级发展,重点项目建设全面提速,以龙头企业为核心,与高校、研究院所、国际机构合作,建设 26 家技术创新中心,拥有多项全国及世界第一的创新成果。

---

① 未来科学城的"两谷一园"是指能源谷、生命谷及昌平区中关村生命科学园。

② "四区一阵地"是指科技成果转化承载区、技术创新示范区、深化改革先行区、宜居宜业绿色城区及高精尖产业阵地。

顺义区大力发展新兴产业和高技术产业，积极承接中关村科学城、怀柔科学城、未来科学城科技成果转化，产业辐射带动能力、城市环境的支撑能力显著增强，创新产业集群示范区建设初具规模。

第一节　中关村科学城规划实施情况

一、工作机制

中关村科学城强化政策集成创新，深入挖掘中关村"1+6"政策[①]、"新四条"政策[②]潜力，加快对接"京校十条"[③]、"京科九条"[④]、中关村"1+4"资金政策支持体系[⑤]，先后出台"创新发展16条"[⑥]及创新政策2.0

[①] 2010年年底，国务院同意支持中关村实施"1+6"系列先行先试政策。其中"1"是指搭建中关村创新平台，"6"是指在科技成果处置权和收益权、股权激励、税收、科研项目经费管理、高新技术企业认定、建设统一监管下的全国性场外交易市场等方面实施6项新政策。

[②] 2012年9月，科技部、财政部、国家税务总局等部委联合发布了支持中关村企业加快创新发展的四条新政策，包括支持中关村开展关于高新技术企业认定中文化产业支撑技术等领域范围、有限合伙制创业投资企业法人合伙人企业所得税、技术转让企业所得税、企业转增股本个人所得税等4项政策试点。

[③] 2014年1月13日，北京市政府发布《加快推进高等学校科技成果转化和科技协同创新若干意见（试行）》，提出了推进高等学校科技成果转化和科技协同创新的10条政策，简称为"京校十条"。

[④] 2014年6月，北京市政府审议通过《加快推进科研机构科技成果转化和产业化的若干意见（试行）》，提出了9方面的政策内容，简称为"京科九条"。

[⑤] 为落实北京全国科技创新中心建设，中关村管委会于2017年推出"1+4"政策支持体系。2019年4月中关村管委会再次推出了中关村新版"1+4"资金支持政策。新修订"1+4"政策包括5个具体政策文件：《关于精准支持中关村国家自主创新示范区重大前沿项目与创新平台建设的若干措施》《中关村国家自主创新示范区提升创新能力优化创新环境支持资金管理办法》《中关村国家自主创新示范区优化创业服务促进人才发展支持资金管理办法》《中关村国家自主创新示范区促进科技金融深度融合创新发展支持资金管理办法》《中关村国家自主创新示范区一区多园协同发展支持资金管理办法》。

[⑥] 2018年1月，北京市海淀区发布了《关于进一步加快推进中关村科学城建设的若干措施》，包括"跃升计划"等九大计划和"城市空间更新"等七大行动，合称"创新发展16条"，旨在打通创新发展的"痛点"和"堵点"。

版①，修订完善创新创业政策支持体系。开展先行先试改革，发挥"三区"②
政策叠加优势，实施国内首个支持颠覆性技术创新的政策，会同市相关部
门对接国家部委，推动中关村科学城形成"城内事城内办"的生动局面。
做好重点产业保障，组建高精尖工作专班，建立市区协同、跨部门联动的
高精尖产业调度机制，聚焦人工智能、医药健康、智能制造、芯片、5G 等
优势领域，梳理入库 117 个重点项目并保持动态更新。精准支持企业创新，
实施创新型企业"3×100"计划③，制定精准化、梯次化的企业支持标准和
政策，壮大高新技术企业集群。

二、亮点成效

（1）强化原始创新能力。重视向前端和顶端发力，不断优化前瞻性基础研
究布局。自觉服务国家重大战略部署，持续推动网络空间安全国家实验室等具
有世界领先水平的国家实验室落地，积极承接"科技创新 2030 - 重大项目"等
国家重大科技计划和项目。加快推进北京量子信息科学研究院、北京智源人工
智能研究院、北京微芯区块链与边缘计算研究院、全球健康药物研发中心、中
关村海华信息技术前沿研究院等新型研发平台落地发展。探索地方政府参与、
多元主体投入、多级联动的基础研究新路径，有效发挥"北京市自然科学基金 -
海淀原始创新联合基金"对原创性基础研究项目的支持作用，截至 2020 年年底，
累计资助项目近 200 项，资助总经费 8409 万元。

（2）完善协同创新机制。依托北京协同创新研究院，试点探索全新的

---

① 2020 年 5 月 18 日，中关村科学城发布了《关于中关村科学城新时期再创业再出发提
升创新能级的若干措施》，这是中关村科学城继 2018 年发布"创新发展 16 条"后，结合新的
发展阶段实际出台的创新政策"2.0 版"。

② "三区"是指中关村国家自主创新示范区核心区、中国（北京）自由贸易试验区科技
创新片区、国家服务业扩大开放综合示范区。

③ 2018 年 1 月，北京市海淀区发布的《关于进一步加快推进中关村科学城建设的若干
措施》提出了创新型企业"3×100"计划，每年安排 8 亿元专项资金，聚焦支持领军企业和
潜力型企业培育，包括实施"领军企业 100"计划、"隐形冠军 100"计划、"种子企业 100"
计划。

产学研合作模式和科技成果转化机制。截至 2019 年年底，科技成果转化率超过 70%。设立 1 亿元综合专项资金，推进中关村科学城概念验证支持计划，中关村科学城 – 北京航空航天大学概念验证中心正式挂牌。打造中关村前孵化创新中心，围绕脑科学与智能技术、精准医学、突破性新材料三大前沿领域，对重大科研成果进行超前投资和前移孵化。截至 2019 年年底，累计落地原始创新项目 12 个。支持百度在线网络技术（北京）有限公司、联想集团、北京大学、北京航空航天大学等 11 家单位建设高价值专利培育运营中心，设立 26 个专利运营办公室，开展知识产权运营激励培育工作。深入实施"创新合伙人"战略[①]，成立规模 27.85 亿元的中关村科学城"科学家基金"[②]，畅通成果转化的中间环节。

（3）优化创新空间布局。全力提升中关村大街创新主轴品质，白石新桥、魏公村、四通桥三个节点的城市设计形成阶段性成果；提升北清路前沿科技创新走廊品质，北清路沿线的城市设计深化相关工作已正式启动，以"中关村壹号"、中关村软件园等龙头项目带动高端创新要素集聚。注重科学城规划与分区规划有效衔接，依托海淀区产业空间资源统筹管理机制，推动低效楼宇改造升级，提高产业空间配套服务能力，打造为头部企业及产业链企业服务的创新创业企业集中办公区。强调政策集成和创新，以"三单"[③]管理为抓手，加强项目调度、政企对接和第三方督查，实现边储备、边调度、边落地，滚动推出项目成果；建立高精尖产业项目的多渠道发掘机制、多维

---

① 在中关村科学城以创新合伙人关系为支撑的"创新生态雨林"体系中，政府通过各类政策引导，结合市场化方式，不断激发科学家、高校、科研院所、高新技术企业、第三方服务机构等各类创新合伙人"主体优势"，充分发挥各级地方党委政府的组织优势，高水平实现优势叠加，打造各个创新要素相互依存、生机勃发的"创新生态雨林"，实现从政产学研 1.0 版初级互动，到以"合伙人关系"为核心的 4.0 版"创新生态雨林"，成为北京建设全国科技创新中心的坚强支撑。

② "科学家基金"包括 5 支基金：创新工场科学家基金（支持科学家创业）、奇绩创坛一期基金（"孵化 + 投资"培育初创企业）、清华电子信息学科引导基金（电子信息产业早期项目投资）、中关村智友科学家基金（人工智能和机器人早期项目投资）、中科创星硬科技二期基金（智能制造早期项目投资）。

③ "三单"是政策清单、空间资源清单、项目清单。

度评测机制、精准敏锐的监测反馈机制，初步形成高精尖产业的精准画像，优化高精尖产业空间布局。

（4）培育创新雨林生态。推进科技金融先行先试改革，率先开展投贷联动试点，构建面向创新的全链条、全周期"耐心资本"服务体系，截至2020年年底，形成规模达600亿元的"中关村科学城创新基金系"[①]；设立全国首家小微企业续贷中心，在精简审批材料、压缩审批时限等方面先行先试，截至2020年6月共受理续贷申请金额101.32亿元。建设中关村知识产权保护中心，为生物医药和新材料领域创新主体提供知识产权快速协同保护服务，授权周期大幅缩短，专利审结授权率（93.7%）远高于全国普通通道平均授权率（39.2%）。推进科技应用场景建设，打造中关村自动驾驶创新示范区、城市大脑和人工智能治理公共服务平台[②]，营造良性创新生态。

（5）加速人才要素集聚。结合建设中关村人才特区，推进中关村大街国际人才社区建设，不断健全高端人才服务体系，打造"类海外"人才发展环境；实施"海英计划"[③]，成立中关村科学城国际人才交流中心，加快实施引才战略，强化项目引才育才；发起未来青年创业领袖（潜力独角兽企业）培育计划（图8-1），推广创客小镇模式，加大对青年人才创业的支持力度。率先实施外籍人才"绿卡直通车"、积分评估等30余项人才新政，外籍高层次人才申请办理绿卡的时间由过去的180日压缩为50个工作日。探索建立中关村科学城中高级科技人才数据分析平台，对流入流出中关村科学城中高级科技人才进行画

---

① 国家发展和改革委员会高技术司.北京海淀区"五个聚焦"全力打造［EB/OL］.（2020-10-19）［2022-04-11］. http://fgw.beijing.gov.cn/fzggzl/bjscz/xwbd/202009/t20200917_2062984.htm.

② 人工智能治理公共服务平台由北京智源人工智能研究院研发，主要功能与目的是对人工智能设计、模型算法、产品与服务中潜在的社会与技术风险、安全、伦理等问题进行检测，并针对潜在问题给出相关的伦理与治理原则与规范，提供相应的案例与研究，从而避免潜在风险与隐患。

③ 为进一步完善区域政策环境，激发高端人才创新创业活动，支持一批高端创新创业领军人才，培养一批青年英才，打造一支优秀的创新创业人才队伍，促进海淀人才资源优势转变为产业发展优势，2012年6月，北京市海淀区出台了《海淀区促进人才创新创业发展支持办法》，启动实施了高层次人才聚集和培育计划，即"海英计划"，每年投入8000万元专项资金，重点引进并支持一批产业领军人才。

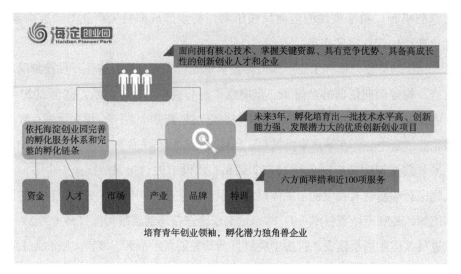

图 8-1 未来青年创业领袖（潜力独角兽企业）培育计划

像，深入全面掌握中关村科学城中高级科技人才现状及流动情况，为制定人才政策及引进人才提供科学可靠的数据保障和支撑。

（6）推进创新开放合作。依托中国（北京）自由贸易试验区科技创新片区[①]，打造国际信息产业和数字贸易港，构建安全便利的国际互联网数据专用通道，加强跨境数据保护规制合作；将中关村论坛打造为集科技交流和创新成果展示、发布、交易于一体的国际化科技创新交流合作平台[②]；基于中关村发展集团等平台，在跨境创新、离岸创新模式上进行了有益探索；通过资本合作、创新中心建设、服务外包等方式，与美国、英国、德国、以色列等国的全球创新中心城市联动创新，提高中关村科学城在全球创新网络中的话语权和影响力；筹划组建中关村企业海外发展联盟，建立国际化资源共享平台、科技资源平台、央民合作平台、海外驿站运营平台等四位一体的国际科技服务体系。

---

① 片区总面积 31.85 平方千米，包括中关村科学城 21.59 平方千米和北京生命科学园周边可利用产业空间 10.26 平方千米。其中，中关村科学城区域主要涵盖翠湖科技园、永丰基地及周边可利用产业空间。

② 2020 年中关村论坛吸引了来自 40 个国家及地区的 1300 多名外籍嘉宾，以及来自美国、英国、德国、以色列等国家的项目。

三、主要问题与建议

（1）新一代信息技术创新链产业链供应链布局仍在一定程度上依赖于国外。关键核心技术和标准仍缺乏。北京旷视科技有限公司等反映，我国在高端芯片、开源框架等方面基础薄弱，GPU、FPGA 等硬件及算法开源框架主要被英伟达公司、英特尔公司、谷歌公司等外国公司垄断。北京灵汐科技有限公司的"支持人工通用智能发展的类脑云脑研发"进展滞后主要是由于支持类脑芯片的 IC 封装基板材料市场基本由日本、韩国、中国台湾的印刷电路板（PCB）企业占据，因为新冠病毒感染疫情，日本、韩国封装基板材料供应中断，类脑芯片本身及验证样片的封装受到影响。

建议：促进技术创新，加快产业聚集。聚焦新经济发展，推进"前沿科技＋新兴产业"融合创新，加速创新技术的产品化、产业化。着力打造高精尖产业集群，积极布局高能级功能型研发创新平台，重点聚焦高精尖产业的项目清单、企业清单、问题清单，研究产业发展需求，定期跟踪反馈。加大对高端芯片、开源框架等关键核心技术的研发投入力度，加快推进应用端数据和产品的研制；持续推进百度在线网络技术（北京）有限公司、北京小米科技有限责任公司、北京京东世纪贸易有限公司等领军企业人工智能技术研发投入，促进产业结构升级。

（2）科技服务和创新要素开放协同水平仍有待提升。科技服务机构对高精尖产业发展的支撑和带动作用有待提升，中关村开放实验室与地方经济发展的结合仍然不够紧密，实验室科技成果转化率较低，并且过于侧重为大型企业服务，其复杂的管理机制与合同规则及较长的合同周期，无法满足中小企业的需求。数字经济发展需要公共数据要素和应用场景资源，而北京市相关部门尚未建立有效的开放共享机制，特别是在工业、商业等传统细分行业及医疗、教育、城市管理运行等公共服务领域，数据和场景的开放力度亟待加大。

建议：持续提升科技服务、公共数据和应用场景的开放协同水平。提升各类创新孵化器等机构提供服务的专注度，以及联盟、协会等第三方平台创新服务的专业度，强化中关村开放实验室等平台对高精尖产业的支撑。提升公共数据的开放共享水平，针对数字经济发展所需的公共数据要素，北京市相关部门探索基于区块链、大数据的技术建立受控共享机制。在工业、商业、城市管理运行及医疗、教育等领域，加快前沿科技应用场景落地，给予企业更多市场机会，打造具有黏性的产业生态系统。

（3）金融机构对创新主体的支持力度有待提升。根据中关村科技金融专营组织机构的评估结果，部分机构的金融产品与服务未能有效适应科技型企业的发展特点和融资需求，未设置专门化科技金融业务条线[①]；在信贷指标体系、审贷流程、风险容忍度等管理制度上未体现差异化管理，对科创型企业的发展潜力、人才储备、技术能力等缺乏专业化评估能力和精细化分析能力[②]。股份制银行对小微企业信贷支持力度不足，由于缺乏普惠小微贷款增速指标考核约束和再贷款专项额度等政策支持，股份制银行对小微企业的支持缺乏动力，2020 年 1—6 月新发放普惠小微贷款金额增速（9.4%）远低于国有银行（33.1%）和城市商业银行（40.6%）[③]。

建议：提升金融机构对创新主体的支持力度。推动建立适应科技型企业发展特点的融资机制，在审批贷款时，要考虑科技型企业与传统企业在审贷流程、风险容忍度等方面的差异，信贷指标体系中充分体现科创型企业发展潜力、人才储备、技术能力等。加强对小微企业的支持力度，强化政策引导，对金融机构的考核可将普惠小微贷款增速等作为一项重要的指标。

第二节　怀柔科学城规划实施情况

怀柔科学城在建的 29 个科学设施项目中，综合极端条件实验装置、地球系统数值模拟装置、子午工程二期等 9 个大科学装置和交叉研究平台项目土建工

---

①　相关工作主要由金融机构的普惠金融部门或公司业务部管理，二者之间存在一定的职能分离，导致协调成本较大，统筹推进科技金融工作存在一定难度。

②　资料来源：《中国人民银行中关村国家自主创新示范区中心支行关于 2019 年度科技金融专营组织机构评估结果的通报》。

③　资料来源：中国人民银行中关村国家自主创新示范区中心支行《2020 年上半年科技金融专营组织机构监测分析》。

程已经完工，正在进行科研设备安装调试和试运行工作。到 2020 年年底，有 9 个科教设施和交叉研究平台土建工程完成施工。2022 年，怀柔综合性国家科学中心坚持建设与运行并重，在确保综合极端条件实验装置、地球系统数值模拟装置、子午工程二期和先进载运等第一批 5 个交叉研究平台高效运行的同时，确保高能同步辐射光源、多模态跨尺度生物医学成像等科学设施竣工；确保 8 个第二批交叉研究平台和 11 个科教基础设施土建全部竣工和设备安装调试。坚持科研与转化同步，创新科技成果转化服务模式，努力实现边建设、边运行，边科研、边产出。此外，怀柔科学城还将推动中国科学院大学本科生入驻，进一步赋能创新主体，培育更多的硬科技孵化器、加速器。推动北京干细胞与再生医学研究院整建制搬迁，积极建设高水平人才高地，构建科技创新生态体系，强化科技创新要素支撑。配套设施方面，怀柔科学城将着力打造"科学 + 城"的美好生活，加快城市客厅 A、B 地块建设，落实科学小镇供地，启动雁栖湾、科学之光项目规划，升级怀柔科学城警务中心。同时，完成雁栖东二路北段改造，实现青年路、科院路、永乐北三街竣工通车等。保障科研人员生活方面，怀柔区探索建立通勤中转高效衔接体系，区外推动轨道交通、定制公交、自驾车、中国科学院班车高效换乘联动，区内建成定制公交、现有公交、分时租赁汽车、共享单车多元接驳保障体系。同时健全分类分层级住房保障体系，实现雁栖国际社区一期、水岸雁栖交付使用，加快雁栖国际社区二期、国科大集体宿舍和城市客厅 C 地块公寓建设。加快优质公共服务资源供给。

一、工作机制

自《怀柔科学城规划（2018—2035 年）》正式印发以来，怀柔科学城积极构建多元化组织架构，设立综合性国家科学中心理事会及办公室、专家委员会，以及科学城专项办公室、党工委和管理委员会等主要机构，组建科学城建设发展有限公司；建立部院市对接机制，国家发展和改革委员会会同中国科学院、教育部等每季度召开调度会议，逐渐形成常态化、多频次对接沟通机制；制定系统化政策体系，针对高水平设施运行的项目管理、经费保障、开放共享、平台交接等问题，高层次人才发展的住房保障、空间环境、服务配套等需求，高精尖产业培育的资金、土地、人才等要素，不断探索政策集成与突破。

二、亮点成效

（1）布局建设科技基础设施平台集群。2017年，怀柔科学城的设施平台从建设阶段开始转向建设与运行并重的阶段。截至2020年年底，5个国家重大科技基础设施进展显著，其中综合极端条件实验装置土建竣工并进入科研设备安装调试阶段，地球系统数值模拟装置土建和科研设备采购基本完成。13个交叉研究平台建设有序推进，首批5个平台已全部完成土建竣工验收，进入设备采购及进场安装阶段，材料基因组研究平台、清洁能源材料测试诊断与研发平台率先开始进入科研状态。分子材料与器件研究测试平台等11个科教基础设施全部实现开工建设。北京超级云计算中心在全国率先实现了超算云服务，服务用户30000家（其中北京市及周边用户超过60%），位列2020年中国高性能计算机（HPC）TOP100榜单第3名，荣获通用CPU算力第1名。

（2）大力培育和集聚一流创新主体。国家级研发平台有序落地，北京凝聚态物理国家研究中心、中国科学院凝聚态物理卓越创新中心挂牌。研究型大学加快建设，中国科学院大学深化科教融合，积极联合国内外一流研究型大学筹建高水平研究型校区和特色学院。新型研发机构加速布局，推动北京雁栖湖应用数学研究院、中国科学院北京纳米能源与系统研究所、中科怀柔脑智创新产业研究院、中国科学院大学怀柔科学城产业研究院、魏桥国科研究院等落地。建设硬科技孵化转化园区，推动有色金属新材料科创园、清华工业开发研究院雁栖湖创新中心、创业黑马科创加速总部基地等孵化园区建设。

（3）积极完善创新创业生态体系。围绕科学设施平台谋划布局先进材料产业，国家动力电池创新中心建成并投入运行，国家轻量化材料成形技术及装备创新中心加快建设，中科合成油技术有限公司的专利"用于费–托合成的气–液–固三相悬浮床反应器及其应用"获中国专利金奖；发展医药健康产业，支持现有企业在生物医药、诊断试剂、包装材料等领域深耕细作；支持精密科学仪器产业发展，发布《关于精准支持怀柔科学城科学仪器和传感器产业创新发展的若干措施》，成立北京物科仪器研发中心、北京怀柔仪器和传感器有限公司，研究设立科学仪器创新发展基金，引进培育一批专精特新企业。创新创业服务取得成效，引入中关村信息谷等4家创新创业服务平台，聚集40家初创企业和科技成果转化团队；科技金融服务逐步完善，上海证券交易所和深圳证券交易所在怀柔区成立工作站和企业上市服务中心；科技成果转化专项持续投入，设立"怀柔科学城成果落地专项"，截至2020年年底，投入财政科技资金2.3亿元，已有30项落地。

三、主要问题与建议

（1）关键设备和材料受制于人的问题仍未得到根本解决。部分关键技术严重依赖进口，缺乏国内供应链布局。高端科研仪器的国产化率低，存在较大禁运风险，高能同步辐射光源建设所需的美国APS[①]升级计划等技术、设备已被"断供"；综合极端条件实验装置向美国企业采购的800nm全反镜等设备，被美国政府加征10%的关税，增加了设备采购和项目建设的成本。虽然在技术上可以与欧洲国家、日本及其他国家进行合作，但也出现了欧洲国家、日本部分企业因美国干涉而延迟交货等问题。

建议：进一步强化怀柔区"科仪谷"建设，加速高端科研仪器产业培育。围绕科学仪器和高端传感器，加强共性技术供给，梳理基础零部件、基础工艺、关键基础材料等薄弱环节、关键技术，及时上报工业和信息化部，申请纳入工业调整升级专项。探索建立创新联合体，统合高校、科研院所、企业、新型研发机构、协会组织、中介服务机构等各类主体力量，进行联合攻关，加强顶层设计、应用牵引、整机带动，加速形成关键设备、器件、材料的国产化替代能力。

（2）支撑科学城运行的技术服务人才培育体系起步晚。随着科学城建设进程加快，交通、住房、子女教育和医疗等方面公共服务配套逐步完善。但是，支撑科研设施平台、科研机构和科研人员的技术服务人员出现较大缺口，特别

---

① 美国阿贡国家实验室的先进光子源。

是从事机械加工维修、五金零配件和电子器件购置等服务工作的人员欠缺；对本地职业教育的需求不断增加，而目前教育资源布局的重心是引入高水平大学并强化基础教育配套，缺乏完善的职业教育体系，高等教育、基础教育与职业教育的发展不平衡。

建议：进一步夯实怀柔科学城技术服务人员培育体系。有效测算"十四五"期间、2035年和2050年等重要节点的技术服务人员需求，提前谋划，分步布局，在怀柔科学城建立职业教育学校，引入师资。提升科研设施平台的开放水平，加强与职业教育学校的协同联动，为学生提供实习机会，引导学生参与科研团队的研究，从而使人才培养有针对性地服务于重大科技基础设施、前沿交叉平台和科教基础设施的建设与运行。

（3）怀柔科学城公益性科研用地的供应成本补偿机制有待完善，投融资机制需要进一步突破。怀柔科学城的科学设施平台建设用地主要以划拨和协议出让方式供应，无法直接产生土地收益，而经营性用地供应较少，自持比例过高，难以实现财政收支平衡；基建投资机制难以有效适应科学城发展，现行固定资产投资政策要求区政府承担征地拆迁费用和建设配套资金，但是生态涵养区的定位限制了怀柔区的产业规模，致使区政府财政资金难以有效满足科学城建设投资需求；建设主体自身存在融资不足，受隐性债务政策①影响，承担怀柔科学城土地一级开发②的平台公司只能通过财政拨款或专项债筹集后续资金，其所持有的土地资金无法直接融资③，持有的交叉研究平台等暂不具备持续经营能力。

---

① 隐性债务主要指政府在法定政府债务限额之外直接或承诺以财政资金偿还及违法提供担保等方式举借的债务，对象包括机关事业单位和国有企业两大类，分别统计拖欠款项情况或举债融资情况。为化解隐性债务，一般通过安排当年的财政资金（包括预算资金、超收收入、盘活财政存量资金）来直接偿债；对于财政资金紧张的地方，考虑通过出让政府股权以及经营性国有资产权益偿还，或者利用隐性债务对应的项目结转资金、经营收入偿还；一些具有稳定现金流的隐性债务可以考虑合规转化为企业经营性债务。此外，企事业单位还可以通过借新还旧、展期的方式来偿还债务。如果实在无法偿还债务，则可以对债务单位进行破产重组，按照公司法等法律法规进行清算偿债。

② 怀柔科学城土地一级开发主要是为科学装置供地。

③ 受金融监管政策影响，准公益性项目所持有的土地资金无法直接融资。

建议：完善怀柔科学城的供地和融资机制。改革土地开发和补偿机制，建议国家级重大科技基础设施和科教设施项目的占补平衡指标，从由北京市进行调配，变更为由国家进行统一调配，不再占用北京市的指标；在国家发展和改革委员会批复建设的重大科技基础设施和科教设施类项目中，建议土地无偿划拨的成本费用按照收支两条线获取开发补偿费用或由北京市财政给予补偿，以实现资金平衡。

第三节 未来科学城规划实施情况

一、工作机制

未来科学城规划实施工作突出系统性、协调性。一是构建规划编制体系，以未来科学城实施统筹规划和专题研究为基础，街区控规压茬推进、重点项目规划备案及规划综合实施方案同步开展的规划编制体系已构建完成；二是健全央地协同机制，中央、市、区三级分别成立中央企业集中建设人才基地筹建工作小组、北京市支持中央企业人才创新创业基地建设工作小组、昌平区未来科学城建设工作领导小组；三是探索多元工作机制，"能源谷"有效发挥中央企业技术创新"主力军"的作用，"生命谷"采用"管委会 + 运营公司 + 开发企业"模式，沙河高教园区依托理事会和园区高校联盟推动建设发展工作。

二、亮点成效

（1）协调推进"两谷一园"发展。东区"能源谷"加强央地对接，聚集198 家能源研发机构[1] 和生态企业，其中规模以上企业 176 家，2020 年 1—10

---

[1] 国家电网全球能源互联网研究院、国家电投中央研究院、国家能源集团北京低碳清洁能源研究院等几十家高端技术研究机构入驻"能源谷"，聚集起 9000 多名能源领域的科研人员。截至 2020 年年底，"能源谷"已集中入驻了 14 家央企研发机构，累计建成国家级和北京市级重点实验室和工程技术中心等重点科研平台 46 个，组建氢能、核能材料等 15 个支持协同创新、服务科技人才的公共服务平台，成立电力大数据等协同创新联盟，汇聚两院院士、享受国务院特殊津贴专家等高层次人才百余名，成为创新要素最集中、最富集的区域之一。

月总收入超 1400 亿元，围绕 6 个细分领域的 20 项关键技术布局，在氢能、先进容量型储能等重点技术联合攻关和成果转化，支持中央企业、民营企业①、市属国有企业共同打造氢能燃料电池客车全产业链。西区"生命谷"吸引国际资源聚集，拥有国家级科研机构和重点实验室 8 个，生命健康领域国家实验室挂牌，北京生命科学研究所二期、北京脑科学和类脑研究中心一期相继投入运行，国际研究型医院②开工建设，入驻企业约 440 家，形成了集基础研发、中试研发、生产流通、终端医疗于一体的全产业链资源聚集。沙河高教园区科教融合格局基本形成，6 所部属高校入驻，完成了 29 个一级学科、27 个整建制学院、28 个国家或省部级重点实验室整体迁入，在校学生 3.9 万余名，搭建能源互联网信息通信新技术、增材制造、大规模智能在线教育系统 3 个校企协同创新开放实验室和产教融合实训基地。

（2）研究、编制、实施统筹规划。从生态、产业、空间、设施、实施 5 个方面，对 170.67 平方千米规划范围进行统筹研究，同时以"绿心"战略规划为依托，提出北中轴延长线的管控思路，实现"中轴引领"和"五个统筹"。完成街区单元指引编制，将科学城划分为 49 个街区，确定各街区的控规编制类型，明确了拟新编街区控规的编制时序；完成试点街区控规编制，《沙河高教园街区控规》成果已编制完成并上报北京市规划和自然资源委员会；启动重点

---

① 北京未来氢谷科技有限公司为北京亿华通科技股份有限公司在未来科学城投建的全资子公司，旨在打造全国规模最大、技术领先、测试项目最全的氢燃料电池测试及中试中心，建立具有国际水准的高水平检测与认证基地。实验中心拥有包括产品检测、性能分析、改进设计在内的系列化技术服务能力，实现基础研发、测试与应用开发的有效衔接，加快科研成果孵化速度，满足 2022 年北京冬奥会氢燃料电池服务用车发动机系统的研发和测试需求，可为北京市及全国氢能与燃料电池产业提供相关测试评价服务。

② 中关村生命科学园研究型国际医疗产业转化平台项目是北京市在未来科学城西区建设具有国际影响力的"生命谷"的战略部署，也是昌平区推动医药健康产业高质量发展的重要举措。平台以国际前沿的肿瘤和脑科学为核心特色学科，引入优质国际医疗研究资源、建立国际多中心合作，建设包括药物研发临床应用及转化中心、临床专家级科学家创新研究中心、临床发现产业转化平台、疑难重症诊疗中心等。预计项目稳定运营后每年可承接 400~600 个临床试验项目，推动不少于 100 种新药加快上市，有效填补生命科学园的产业链空白，形成"研发-试验-转化-上市"的全产业链闭环，缩短产品研发上市周期 1~2 年。

街区控规编制，针对巩华城－朱辛庄、生命科学园、北七家成果转化基地3个片区共9个街区，截至2020年年底已完成现状实施评估部分的研究内容；启动街区控规区域评估工作，配合控规编制同步开展2020年街区控规环境、水、交通区域评估工作。

（3）大力改革优化营商环境。全面落实减税降费等各项政策，集成简易低风险审批等改革措施，加强政策供给、制度供给，构建企业落地、建设、研发、转化、成长全过程服务体系。完善研发投入、地均产出、营收纳税等产业准入标准，持续导入中央企业优质资源，布局符合区域发展的产业。依托企业发展和项目落地统筹服务双平台系统，及时梳理更新企业专项服务事项，提供"定制化方案＋跟踪式服务"。3个技术合同登记处分部在科技园区、能源谷和生命谷挂牌成立，为企业提供更加优质便利的服务，有效降低企业登记过程中的交通成本和时间成本。启动"回天创客百人计划"线上培训活动①，提升企业运营管理能力和员工专业技能，促进未来科学城地区和回天社区双城融合和创新发展。建设智慧城市运行服务中心（IOC），为政府和企业提供数据存储、云计算、信息安全等多层次、全方位服务。

三、主要问题

（1）中央企业亟待进一步盘活创新资源。部分中央企业未能及早谋划与科技创新中心目标相兼容的建设项目，受中央企业自身发展、市场经济环境、规划审批手续等因素影响，部分中央企业用地建设及建筑使用效率较低，造成了土地资源浪费。此外，未来科学城规划审批及编制单位缺乏对中央企业用地方案的主导权，从而难以真正改变"大院式"的中央企业研发用地布局，致使创新资源闲置或错配。例如，未来科学城"武钢（北京）人才创新基地闲置地块

---

① 2020年6月，未来科学城产业发展公司联合昌平区创新创业服务者协会、昌平区人保局、昌平区文促中心、北京市文创金融服务平台共同启动"回天创客百人计划"线上培训活动，活动旨在提升企业运营管理能力和员工专业技能，促进未来科学城地区和回天社区双城融合和创新发展。见：赵语涵.疫情下练内功 未来科学城企业享云上培训计划［EB/OL］.（2020-07-10）［2022-04-11］.https://baijiahao.baidu.com/s?id=1671818963962714015.

收回"工作，旨在腾退鞍山钢铁集团有限公司和武汉钢铁集团有限公司两家不适应北京科技创新中心建设要求的中央企业，但是受制于国务院国有资产监督管理委员会的要求，所腾退的地块资源只能流转给中央企业，致使市属国有企业、民营企业等其他创新主体难以平等获得土地资源。

建议：促进中央单位有效盘活创新资源。强化北京市科技创新中心建设领导协调机制，建立部市区联动机制，统筹推进跨层级跨领域重大事项。积极完善与北京市科技创新中心建设目标兼容的项目遴选、资源获得机制，建立科学的评价指标体系，规范准入和退出机制，并针对项目推进过程中出现的问题，积极与主管相关项目的中央单位等沟通协调。

（2）大中小企业融通创新体系仍有待完善。从整体上看，多元主体协同联动的创新生态尚未形成，特别是大企业对中小微企业的创新要素溢出和创业服务带动效应尚有不足，中央企业等主体建设的众创空间仍扮演者"二房东"的角色。2019年的统计数据显示，未来科学城众创空间的房租及物业收入的占比高达66%；与之相比，中关村科学城、怀柔科学城、北京经济技术开发区（亦庄）的房租及物业收入占比通常低于35%。由此可见，未来科学城内的众创空间缺乏足够的配套服务。

建议：进一步优化创新创业生态，加强大中小企业的协同联动。未来科学城管理委员会应进一步推动创新主体联动、创新要素配套、创新空间开放，提升众创空间等载体的开放共享水平和创业服务能力，加强与校企协同创新开放实验室、产教融合实训基地等平台的协同联动，实现产学研融合。同时，在氢能燃料电池领域进行试点，进一步复制推广相关成功经验，打造中央企业、民营企业、市属国有企业一体化发展的创新产业集群。

第四节 北京经济技术开发区（亦庄）规划实施情况

一、工作机制

为有效落实《北京经济技术开发区规划（2018—2035年）》及《关于加快

推进北京经济技术开发区和亦庄新城高质量发展的实施意见》要求，北京经济技术开发区（亦庄）细化分解目标任务，将《实施意见》中的六大重点任务细化分解为43项指标任务、28项重大项目、12项重大工程和52项重点任务，统筹兼顾、突出重点；成立重点工作推进小组，保障重大任务实施，积极承接并全力推进国家与市级重点项目建设；加强常态化统筹调度，构建定期会商机制，及时协调解决工作中的困难和突出问题，并完善经济运行双周调度、项目管理"七促"调度[①] 等机制；健全区域协同机制，采用"一个基地、一个平台、一支基金、一个机制"的方式，与中关村科学城管理委员会、海淀区协调推动先导基地实体化建设。

二、亮点成效

（1）打造高精尖产业集聚区。发挥企业创新主体作用，发布"创新成长计划"和"创新伙伴计划"，建设"十百千"创新工程[②]，建设13家科技企业孵化器（其中国家级5家），发起成立中国汽车芯片产业创新战略联盟。2020年1—10月，北京经济技术开发区（亦庄）企业研发投入148.6亿元，申请发明专利5323件，PCT专利申请298件，同比增长分别为46%、72.37%和61.96%。不断强化高精尖产业布局，截至2020年年底，国家级高新技术企业超过1200家（"十二五"期末的2.2倍），2020年1—10月，北京经济技术开发区（亦庄）高技术产业和现代制造业规模以上工业总产值累计3527.7亿元，同比增长4.2%；汽车及交通设备、电子信息、装备制造、生物工程和医药产业的产值分别为1753亿、693.7亿、451.1亿和385.9亿元，前3项同

---

① "七促"调度是北京经济技术开发区（亦庄）针对高精尖项目不同发展阶段，制定的"七促"项目管理调度机制，为企业提供主动式、全发展周期的服务，从企业项目签约入区开始，安排相关部门工作人员担任项目"服务管家"，从签约、摘牌到开工、竣工、投产、技改、达产，全流程服务促进。

② 2020年10月北京经济技术开发区（亦庄）正式发布"创新成长计划"和"创新伙伴计划"。通过"创新成长计划"和"创新伙伴计划"的落地，北京经济技术开发区（亦庄）力争在3年内培育10家潜力独角兽企业、扶持百家专精特新和隐形冠军企业、促进千项科技成果转化。

比增幅分别为 5.4%、10.4% 和 4.6%；获批国家人工智能高新技术产业化基地，2020 年人工智能及融合应用相关领域的国家高新技术企业约 300 家，收入超过 10 亿元的企业 10 余家①。

（2）建设科技成果转化承载区。北京经济技术开发区（亦庄）加大科技成果转化平台和服务机构建设力度，截至 2020 年年底已挂牌 23 家技术创新中心（其中国家级创新中心 2 家），打造 14 家中试基地（运营面积达 48 万平方米），搭建 59 个公共技术服务平台，设立 55 家博士后工作站，大幅提升科技成果转化承接能力。积极对接中关村科学城、怀柔科学城、未来科学城创新资源，打造中关村科技成果产业化先导基地，以共建先导基地为契机，完善北京市"三城一区"科技成果转化合作机制，加快国家重大科技成果转化，聚焦主导产业，助推转化一批"卡脖子"的技术产品，建设北京市南部科技创新成果转化带，进一步强化南北协同、产研互补格局。2020 年 1—10 月，落地中关村科学城、怀柔科学城、未来科学城的科技成果转化项目 127 项，涵盖四大主导产业和新兴产业。

（3）不断优化创新要素配置。围绕高质量发展的要求，优化生产要素配置和组合，创新先租后让供地模式，出台《关于促进城市更新产业升级的若干措施（试行）》。聚焦主导产业，着力吸引和培育具备世界水平的科学家，汇聚科技领军人才、工程师和高水平创新团队，打造专业化技术转移人才队伍，推进国际人才社区建设，强化职业技能人才培训。大力完善科技金融体系，成立航天专利、清控银杏等 10 只成果转化基金，截至 2020 年年底，落地金额近 50 亿元，深化"银税互动"服务效能。搭建以应用场景为主体的现代化市场推广平台，在北京市率先全域开放自动驾驶测试道路，建设全球首个网联云控式高级别自动驾驶示范区，完成"10+10+1"②智能化基础设施环境部署。截至 2020 年 10 月，已有 40 余家企业完成超过 20 万千米的测试里程，积累超过 40000 种结构化测试的场景用例。

---

① 经开区勾勒国家级 AI 高新技术产业基地蓝图（2020-10-14）［2020-12-10］. https://finance.eastmoney.com/a2/202010141661799214.html.

② "10+10+1"是指 10 千米城市道路、10 千米高速公路和 1 处自主泊车停车场。

（4）优化营商环境。作为全国首个同时归集前端审批和后端执法职能的国家级经济技术开发区，北京经济技术开发区（亦庄）加大改革力度，2020年4月率先开展政务服务事项告知承诺制改革，首批68个政务服务事项实行告知承诺制审批，截至2020年10月，已办理事项1233件。试点产业用地标准化改革，推行审管执链条式管理模式。优化公共服务，截至2020年年底，亦庄新城设立11个亦企服务港，设立政务服务站，服务范围覆盖近2700家企业，完成特色载体认定申报工作，做好"票e送"等非接触式服务推广，政策兑现综合服务初见成效。全力保障中关村国际生物试剂物流中心（南平台）建设，推出3个方面7条特殊物品监管改革政策并试点运行，扩大低风险特殊物品智能审批覆盖范围，创新科研用高风险特殊物品样本风险评估，首次进口大批量基因检测用人体血样。

三、主要问题与建议

（1）国家政策的扶持力度有待加强。国家部分政策较为刚性，未能针对新冠病毒感染疫情等不可抗力因素进行相应调整。统计数据显示，北京市医药制造业2020年1—11月实现利润总额165.9亿元，同比下降12.2%，其原因主要是国家药品集中带量采购试点政策执行中多采用竞价机制，存在"价低者得"的倾向。例如，北京泰德制药股份有限公司的"凯纷"产品从311元下降至109元，价格降幅高达65%；而受新冠病毒感染疫情影响，医院就诊量和手术量减少，非疫情相关用药大幅减少，出现量价齐减的局面，一批医药企业面临现金流无法延续的窘境。

建议：积极争取国家部委的政策支持，提高相关政策的科学性。强化激励创新的政策导向，如国家药品集中带量采购试点中，应当建立科学合理的药品价格形成机制，而不是仅仅依靠竞标机制实现降价，避免部分原研药因"价格虚低"而退出市场，推动政策在鼓励创新和保障民生之间实现平衡。

（2）高精尖产业的补贴机制有待完善。北京五和博澳药业有限公司反映，区级补贴政策与税收指标挂钩，高精尖企业指数标准又将人均税收作为重要考核指标，但企业尚未到获利阶段，无法满足政策中对人均税收的要求，因此无法享受区级补贴政策；此外，科创基金委托第三方公司管理，评估体系将盈利情况作为一项考核指标，致使尚处于产业化初期的企业难以满足补贴政策的要求。

建议：建议结合产业化发展的不同阶段，对各类财政补贴、金融扶持予以差异化布局。对处于初创期、早中期的科技型企业，进一步加大财政补贴力度，弱化盈利情况和税收指标考核，更多聚焦于创新能力、研发投入等指标；对进入产业化"快车道"的科技型企业，进一步拓宽市场化、多元化融资渠道，助力企业通过科创板、新三板精选层上市的方式获得资金。

（3）人才引进难度加大。目前中美合作的困境导致人才签证办理审查较严，拒签率较高，加大了人才引进难度。中芯北方集成电路制造（北京）有限公司、中芯国际集成电路制造（北京）有限公司、北京北方华创微电子装备有限公司均普遍反映中美贸易纠纷对科研项目、先进技术及人才引进有影响。

建议：加强高端人员的保障服务，形成精准引才名单，提前打通人才入境和回国的各个关键环节，保障外籍人才住房、子女教育等方面的需求，对外籍高端人才所得税超出 15% 的部分给予优惠补贴，打造"类海外"环境。强化人才情报体系建设，全面梳理北京各类科技人才底数，及时掌握人才需求动态并进行跟踪服务。探索线上合作模式，加强与被"拒签"的外籍创新人才的联系，可依托互联网等探索进行远程办公、线上指导。加强产业调研，明确目前紧缺的人才，探索建立高校与实验室、科研机构和创新型企业等联合培养人才的机制。

第五节　北京创新产业集群示范区（顺义）规划实施情况

一、工作机制

为有序推进规划落地，顺义区积极完善领导小组"一办九组"架构，其中九个专项组分领域推进北京创新产业集群示范区建设，强化督查考核；系统构建政策保障体系，针对（拟）上市科创企业、中小微企业、创新人才等不同主体的多元化需求，实施定制化的制度供给①，构建综合创新生态体系；加强基础设施配套，有序推进道路及市政配套、园林绿化、水利等工程建设，对照国家级、市级绿色制造体系标准开展技术、设备升级改造，持续优化生活生态空间，布局人文要素。

二、亮点成效

（1）聚焦建设三大创新型产业集群。强化国家汽车质量监督检验中心②检验检测能力，加快推进新能源智能汽车项目，集聚 230 家中外知名企业。截至 2020 年 10 月，累计生产汽车已超过 1000 万辆，累计实现产值 1.5 万亿元。打造北京第三代半导体创新型产业集聚区，国内首个聚集全产业链第三代半导体材料及应用联合创新基地落成并投入运行，设立总规模 50 亿元的专项基金，聚集企业 140 余家③，并成立产业技术创新战略联盟④，打造北京第三代半导体联合创新孵化中心。在航空航天产业领域，持续打造中航

---

① 例如，2019 年，制定出台《北京市顺义区关于促进中小微企业持续健康发展的金融支持办法（试行）》，对区内符合条件的中小微企业予以资金支持，提高企业经营活力，助力企业成果转化；出台《顺义区支持企业上市挂牌发展办法》，为 16 家科创企业兑现上市支持资金；制定出台《顺义区关于办理〈北京市工作居住证〉的实施细则》，2019 年为 110 人办理人才引进，为 1149 人办理《北京市工作居住证》。

② 坐落在顺义区的国家汽车质量监督检验中心拥有 7 个特色实验室，检测能力覆盖 86 个产品，984 个参数，具备新能源汽车及相关产品强制性检验能力。

③ 截至 2020 年 10 月，中关村顺义园已聚集第三代半导体企业 140 余家，初步形成了从装备到材料、芯片、模组、封装检测及下游应用的全产业链格局。其中，面向 5G 通信、新能源汽车、国家电网、轨道交通、人工智能等应用领域的产业化重点项目 20 个，总投资约 160 亿元，预计达产后可实现年产值 220 亿元。见：顺义落成国内首个聚集全产业链第三代半导体创新基地［EB/OL］.（2020-10-12）［2022-04-11］. https://www.sohu.com/a/424145891_120209831.

④ 截至 2019 年年底，中关村顺义园成立的产业技术创新战略联盟汇集国内第三代半导体顶尖企业和研究机构，成员单位已达 120 家。见：中关村顺义园，这三大新"名片"名扬世界［EB/OL］.（2019-12-18）［2022-04-11］. https://www.sohu.com/a/361244889_99965849.

国际产业园①和顺义航天产业园②，元航天汇硬科技智造谷累计投资10亿元，以顺义区国家地理信息科技产业园为基础打造"北斗+"融合应用生态圈，北京中科航发科技发展有限公司配套的国内首套小功率霍尔电推进系统完成在轨测试。

（2）加快建设北京国际合作产业园（中德）。加快推进中德产业园建设，构建起步区、拓展区总面积20平方千米的发展空间③，完善形成政策需求清单，设立外国人出入境服务大厅和10项"一站式"便利服务特有政策，建设国际人才和产业社区，设立知识产权仲裁办公室。通过对标德国具有世界竞争力的支柱产业，重点聚焦新能源智能汽车、航空航天、智能装备、工业互联网等产业体系，广泛开展知识产权保护、标准制定、系统管理、人才培养等多领域合作。截至2020年，已集聚梅赛德斯-奔驰汽车公司、宝马汽车公司、罗伯特·博世有限公司、威乐水泵有限公司等60余家德资企业，年产值超过500亿元。中德智能制造产业协会完成全球招标公告，全球招募运营管理团队。一批机器人等项目加快落地。

（3）推动应用场景建设。拟定《顺义区加快应用场景建设推进高质量发展工作方案》，重点围绕新能源智能汽车、第三代半导体、工业互联网、5G、北斗等重点高精尖产业领域、政务服务领域和城市管理领域，推动新技术、新产品应用。打造北京市首个智能网联汽车特色小镇④，国家智能汽车与智慧交通

---

① 中航国际产业园聚焦发展的领域涵盖了航空产业重要组件的整个链条，入园企业达40余家，注册资本近100亿元。见：中关村顺义园，这三大新"名片"名扬世界［EB/OL］.（2019-12-18）［2022-04-11］. https://www.sohu.com/a/361244889_99965849.

② 顺义航天产业园占地14.5万平方米、总投资20亿元、建筑规模26万平方米。

③ 起步区8平方千米，位于首都机场东侧，国际化配套成熟、交通便捷、环境优美，依托270万平方米现有楼宇资源，承接集聚一批德国隐形冠军企业及研发设计、中试、小试、测试验证、系统集成等科技服务平台；拓展区12平方千米，紧邻未来科技城，怀柔科学城，围绕新能源汽车产业链龙头企业，承接零部件上下游、智能装备等项目，打造产业化生产制造基地。

④ 顺义区北小营镇打造了全市首个智能网联汽车特色小镇，建设了7.5千米开放式5G商用智慧交通车路协同项目，规划80万平方米的自动驾驶封闭测试场，打造国内模拟场景类型丰富、5G覆盖范围广泛、虚拟仿真实验齐全、产业链生态完整，与社会开放道路联动最紧密的自动驾驶测试场，首期20万平方米的封闭测试场近日已通过验收。

（京冀）示范区顺义基地[①]揭牌，投入使用，建成 7.5 千米开放式 5G 商用智慧交通车路协同项目，全区开放 145 千米公开测试道路[②]。截至 2020 年 10 月，完成 1240 个 5G 基站建设，开通 1064 个，无人驾驶道路测试里程超 20 万千米，已在物流基地、白马路沿线、奥林匹克水上公园、北京国际鲜花港等地开展不同形式的智能网联汽车应用示范[③]。

三、主要问题与建议

（1）中关村科学城、怀柔科学城、未来科学城的科技成果承接转移机制尚不完善。信息沟通机制不到位，顺义区作为创新产业集群示范区难以有效掌握中关村科学城、怀柔科学城、未来科学城溢出的科技成果信息，无法及时跟进对接并做好配套服务，导致各区之间项目承接渠道不够畅通，在一定程度上加剧了优质企业、项目外迁的问题。

建议：建立"三城一区"信息共享平台，依托互联网、大数据等技术建设信息发布平台，助力顺义区动态掌握科技成果和转化项目，及早谋划配套条件和公共服务，做好中关村科学城、怀柔科学城、未来科学城外溢科技成果的承接工作。

---

①　该基地是继国家智能汽车与智慧交通（京冀）示范区海淀基地、亦庄基地后，北京市第三个自动驾驶车辆封闭测试场。

②　测试道路覆盖了各类公路等级，以及城区、社区、园区、景区、乡村等各类丰富场景，完成 1240 个 5G 基站建设，目前已开通基站 1064 个，形成 5G、V2X 等路网全域感知体系，吸引了北京汽车集团有限公司、百度在线网络技术（北京）有限公司、滴滴出行科技有限公司、北京三快在线科技有限公司等 10 余家企业近百辆自动驾驶车辆开展道路测试。

③　例如，在物流基地开展智能物流示范运营，在白马路沿线开展智慧公交、无人清扫等示范运营，在奥林匹克水上公园、北京国际鲜花港等园区开展自动驾驶出租、代客泊车、智能环卫、共享出行、无人车配送等应用示范。在北小营镇打造的智能网联汽车特色小镇，依托车联网系统，组织实施大规模 C–V2X 测试示范，推动在城市公交、出租、网络约车、环卫、物流配送等车辆安装车载终端，从而不断提高车联网用户渗透率，不断扩大车联网产业规模，实现人、车、路、云高度协同。作为智能网联汽车领域的重点企业，北京三快在线科技有限公司已在顺义区落户自动驾驶与无人配送项目，并在全区 15 个社区开展无人配送服务，示范应用效果良好。

（2）关键共性技术平台和应用场景建设亟须进一步加强资金保障。第三代半导体材料及应用联合创新基地等关键共性技术产业化项目前期投入多，投资周期长，回报慢，市场应用小，难以有效吸引社会资本参与建设，亟须设立专项政府引导资金。

建议：设立关键共性技术产业化项目专项资金，针对重点项目出台专项引导扶持政策，在平台建设、专业服务、示范应用等方面给予支持。

（3）产业结构转型仍需进一步加速。以航空航天产业集群为例，相关航空航天产业园未能对首都机场临空经济示范区发挥产业辐射带动作用。与天津市空港经济区的航空制造产业驱动模式相比，顺义区的临空经济示范区的发展模式主要是航空运输服务业驱动模式①，产业结构仍以航空物流、口岸贸易、临空商务等产业为主导，缺乏航空航天领域的高技术服务产业，因此产业发展韧性不足，易受新冠病毒感染疫情、中美贸易摩擦等因素影响。2020年前3季度，北京创新产业集群示范区（顺义）收入同比减少19.9%，降幅程度位列北京市六大高端产业功能区之首，企均收入同比降幅高达41.3%。

建议：进一步释放平台优势，大力发展航空航天高技术服务产业。依托首都国际机场优势资源及北京天竺综合保税区、临空经济示范区等平台优势，大力发展航空维修、航天技术服务、地理信息、北斗导航、卫星遥感等高技术服务，加速临空经济示范区等重点区域的产业转型。

---

① 徐卫兵．大航空产业的国际环境和国内格局［EB/OL］.东滩智库（2020-01-08）［2020-01-10］. https://mp.weixin.qq.com/s/s2B6drx T07KtKIgyakUfsQ.

第九章

北京市"三城一区"创新能力监测指标体系

北京市"三城一区"的科技创新涉及政府、企业、科研院所、高等院校、国际组织、中介服务机构、社会公众等多个主体，包括人才、资金、科技基础、知识产权、制度建设、创新氛围等多个要素，是各创新主体、创新要素交互作用下的一种复杂涌现现象，是一个开放的复杂系统。

第一节 指标体系设置

一、指标体系设置原则

从科技创新的系统性看，北京市"三城一区"建设应该突出创新驱动，推动人才、企业等高端创新要素集聚和互动；突出成果转化，充分利用创新产出形成实际成果；突出创新效益，推动成果产业化，成为区域经济发展动力；突出环境支撑，为科技创新提供良好的营商环境；突出完善配套，强化地区宜居宜业的特性，补齐服务短板，提升生活质量。

本研究在构建北京市"三城一区"创新能力监测指标体系的过程中，借鉴了国内外知名创新指数编制方法，如硅谷指数、欧洲创新记分牌、全球创新指数、中关村指数、国家高新区创新能力评价指标体系、北京全国科技创新中心指数、上海科技创新中心指数等，选取区域创新评估的共性指标。

在此基础上，本指标体系的构建结合了北京市"三城一区"中中关村科学城、怀柔科学城、未来科学城和示范区 ① 的科技创新特色。例如，怀柔科学城目标是建设综合性国家科学中心，所以增加反映大科学装置这种推动原始创新的重要平台建设情况的指标；未来科学城初期规划以服务中央企业科研为主，未来将建设重大共性技术研发创新平台，闲置空间的利用是地区发展的关键；示范区是科技成果转化落地的平台，所以增加反映主导产业的指标，体现地区创新型产业集群发展成果，重点产业包括电子信息产业、装备制造产业、生物工程和医药产业、汽车及交通设备产业等。同时，也对标北京市"三城一区"发展规划中提出的发展目标，建立指标体系，检验发展目标完成情况。

最终形成了包括创新生态、创新平台、创新投入、创新产出和创新绩效5个维度的指标体系。创新生态维度是了解经济环境、基础设施和经济预期的指标；创新平台维度包括高技术企业、科技孵化企业、研发机构和科学设施等相关指标；创新投入维度包括北京市"三城一区"构成科研创新推动力的基础资源状况和科技研发投入，如研发机构、科研人员、科研经费等指标；创新产出维度是了解北京市"三城一区"科技成果产出现状的指标；创新绩效维度是反映北京市"三城一区"产出成果向生产力转化情况和实现效益状况的指标。

需要注意的是，考虑到后疫情时期经济发展的不确定性增大及中美两国摩擦增大，本指标体系引入企业管理者经济预期、新基建发展状况、高技术企业出口、创新溢出效应、科研平台情况等指标，以全面反映北京市"三城一区"创新能力的新增长点。

在具体指标构建过程中，主要采用增长率指标、强度指标等反映创新能力的动态变化和结构变化，以更好地反映北京市"三城一区"创新能力的变化情况。

---

① 2014年北京市首次提出"三城一区"建设规划时，"一区"专指北京经济技术开发区（亦庄）；在2017年重新制定规划时，将顺义区纳入"三城一区"，即北京经济技术开发区（亦庄）和顺义区合称"一区"（创新型产业集群和"中国制造2025"创新引领示范区）。

二、指标体系构建

1. 创新生态维度

创新生态维度主要包括自然环境、经济环境、法律环境等二级指标，下设若干三级、四级指标（表9-1）。另外，增加2个统计指标，即新基建投资增加额、战略新兴产业采购经理人指数（EPMI）。

表9-1　北京市"三城一区"创新生态指标

二级指标	三级指标	四级指标
自然环境	空气质量	全年 AQI 指数二级以上天数 /365
		PM2.5 年均浓度
	绿化情况	人均公园绿地面积
		城市绿化覆盖率
		森林覆盖率
经济环境	经济发展水平	人均地区生产总值增长率
		第二产业比重增长率
		第三产业比重增长率
		第二产业劳动生产率增长率
		第三产业劳动生产率增长率
	就业状况	区域调查失业率
法律环境	知识产权保护	受理案件数增长率
		审结案件数增长率

2. 创新平台维度

创新平台维度主要包括科技孵化器、仪器设备、众创空间等二级指标，下设若干三级指标（表9-2）。另外，增加2个统计指标，即新型研发机构数量、外资研发中心数量。

表9-2 北京市"三城一区"创新平台指标

二级指标	三级指标
科技孵化器	孵化器数量
	孵化器面积
	在孵企业数量
	在孵高新技术企业占比
	当年毕业企业数
仪器设备	大型科学仪器设备数量
	大型科学仪器设备原值
众创空间	国家级众创空间数量
	新注册企业数量
	众创空间净收益
	众创空间单位面积收入
	当年上市（挂牌）企业数量

3. 创新投入维度

创新投入维度主要包括人才投入和资金投入2个二级指标，下设若干三级指标（表9-3）。

表9-3 北京市"三城一区"创新投入指标

二级指标	三级指标
人才投入	万人从业人员中研发人员人数
	研发人员全时当量
资金投入	研发经费内部支出
	研发人员人均研发经费内支出
	基础研究研发经费占比
	在孵企业当年获得风险投资额
	在孵企业获得各级财政资助额

4. 创新产出维度

创新产出维度主要包括专利、科技论文、国家或行业标准、技术交易、重大成果等二级指标，专利指标下设若干三级指标（表9-4）。另外，增加2个统计指标，即PCT国际专利数量、企业新产品销售收入。

表9-4　北京市"三城一区"创新产出指标

二级指标	三级指标
专利	万名研发人员发明专利申请量
	万名研发人员发明专利授权量
	亿元研发投入发明专利申请量
	亿元研发投入发明专利授权量
科技论文	万名从业人员科技论文数
国家或行业标准	每百家企业国家或行业标准数
技术交易	专利所有权转让及许可收入
重大成果	国家科技奖获奖成果数

5. 创新绩效维度

创新绩效维度主要包括经济绩效、环境绩效2个二级指标，下设若干三级指标。另外，增加1个统计指标，即新设科技企业五年存活率（表9-5）。

表9-5　北京市"三城一区"创新绩效指标

一级指标	二级指标
经济绩效	地均营业收入
	地均投资收益
	地均营业利润
	地均利润总额
环境绩效	万元营收用水量
	万元营收综合能耗

注：考虑到北京市"三城一区"发展空间的有限性，在利用指标体系评估的过程中，将更多地采用"亩均效益评价"方法考察经济绩效。

本研究也将进一步追踪北京"三城一区"创新能力的溢出效应，重点关注两个指标：①发明专利被引频次；②科技论文被引频次。

第二节 测算方法

一、数据标准化及权重设定

北京市"三城一区"创新能力监测指标体系的各项指标数据量纲存在差异，因此首先要对所有指标原始数据进行标准化处理。本研究主要采用 Z-score 方法，计算公式如下：

$$y_{ij} = \frac{x_{ij} - \overline{x_j}}{\text{std}(x_i)} \qquad (9\text{-}1)$$

式（9.1）中，y_{ij} 是 j 城市第 i 个三级指标 Z-score 标准化后的值，x_{ij} 是第 j 个城市第 i 个三级指标的原始数据，$\overline{x_j}$ 是所有城市第 i 个三级指标原始数据的均值，$\text{std}(x_i)$ 是所有城市第 i 个三级指标原始数据的标准差。对所有指标进行以上无量纲处理，处理后的指标数据均值为 0，标准差为 1。

对各三级指标的 Z 值得分按指标权重进行线性加权，可计算出一级指标 Z 值得分和创新能力指数 Z 值得分。由于 Z 值得分存在 0 值和负值，为使最后评分结果更清晰、直观，本报告在 Z 值得分基础上利用 min-max 归一化，使被评估城市得分映射在 ⌊0，1⌋ 区间：

$$y^{adj}_{ij} = \frac{x^z_{ij} - x_{\min}}{x_{\max} - x_{\min}} \qquad (9\text{-}2)$$

式（9.2）中 y^{adj}_{ij} 是 j 城市第 a 个一级指标 Z 值得分进行 min-max 归一化后的值，x^z_{ij} 是 j 城市第 a 个一级指标得分的 Z 值得分，$x_{\min}$ 是所有城市第 a 个一级指标 Z 值得分的最小值，$x_{\max}$ 是所有城市第 a 个一级指标 Z 值得分的最大值。

在此基础上本研究将被评估对象的基础得分设置为 60 分，使被评估城市一级指标及创新能力指标综合得分范围为［60，100］，即排名第一的城市得分为 100 分，排名最后的城市得分为 60 分。

最终 j 城市 A、B、C 3 个一级指标得分分别是 Y_{Aj}、Y_{Bj}、Y_{Cj}。

$$Y_{Aj} = 60 + y_{ij}^{adj} \times 40 \tag{9-3}$$

对于权重，本研究采用等权重法进行测度。

二、指标得分

1. 创新环境

考虑到北京市"三城一区"相关数据的可得性，在 2019 年评估监测时，仅引入地区生产总值和第三产业占比 2 个指标衡量评估北京市"三城一区"建设所处的创新环境。

通过 2019 年北京市"三城一区"创新环境各指标原值（表 9-6）得到各指标得分（表 9-7）。

表 9-6　2019 年北京市"三城一区"创新环境各指标原值

项　　目	中关村科学城	怀柔科学城	未来科学城	北京经济技术开发区（亦庄）
地区生产总值（万元）	7975.00	150.70	283.70	2189.50
第三产业占比（%）	90.72	61.97	34.46	31.75

表 9-7　2019 年北京市"三城一区"创新环境各指标得分

项　　目	中关村科学城	怀柔科学城	未来科学城	北京经济技术开发区（亦庄）
地区生产总值	100.00	60.00	60.68	70.42
第三产业占比	100.00	80.50	61.84	60.00

2. 创新平台

通过 2019 年北京市"三城一区"创新平台三级指标原值（表 9-8）得到三级指标得分（表 9-9）、二级指标得分（表 9-10）。

表 9-8　2019 年北京市"三城一区"创新平台指标原值

二级指标	三级指标	中关村科学城	怀柔科学城	未来科学城	北京经济技术开发区（亦庄）
科技孵化器	孵化器数量（个）	46	0	20	10
	孵化器面积（平方米）	1049668.00	0	710020.27	364411.34
	在孵企业数量（个）	3693	0	1489	839
	在孵高新技术企业占比（%）	19.9	0	43.05	18.00
	当年毕业企业数（家）	618	0	125	113
仪器设备	大型科学仪器设备数量（台/套）	269	0	2	38
	大型科学仪器设备原值（万元）	718844	0	2618	102502
众创空间	国家级众创空间数量（家）	27	0	6	8
	新注册企业数量（家）	3578	115	295	134
	众创空间净收益（万元）	−2475.99	37772.55	36328.73	26364.92
	众创空间单位面积收入（千元/平方米）	2.16	3.55	1.20	4.42
	当年上市（挂牌）企业数量（家）	81	0	3	1

表9-9　2019年北京市"三城一区"创新平台三级指标得分

二级指标	三级指标	中关村科学城	怀柔科学城	未来科学城	北京经济技术开发区（亦庄）
科技孵化器	孵化器数量	100.00	60.00	77.39	68.70
	孵化器面积	100.00	60.00	87.06	73.89
	在孵企业数量	100.00	60.00	76.13	69.09
	在孵高新技术企业占比	78.49	60.00	100.00	76.72
	当年毕业企业数	100.00	60.00	68.09	67.31
仪器设备	大型科学仪器设备数量	100.00	60.00	60.30	65.65
	大型科学仪器设备原值	100.00	60.00	60.15	65.70
众创空间	国家级众创空间数量	100.00	60.00	68.89	71.85
	新注册企业数量	100.00	60.00	62.08	60.22
	众创空间净收益	60.00	100.00	98.57	88.66
	众创空间单位面积收入	71.93	89.19	60.00	100.00
	当年上市（挂牌）企业数量	100.00	60.00	61.48	60.49

表9-10　2019年北京市"三城一区"创新平台二级指标得分

二级指标	中关村科学城	怀柔科学城	未来科学城	北京经济技术开发区（亦庄）
科技孵化器	95.70	60.00	81.73	71.14
仪器设备	100.00	60.00	60.23	65.68
众创空间	86.39	73.84	70.20	76.24

3. 创新投入

通过2019年北京市"三城一区"创新投入三级指标原值（表9-11）得到三级指标得分（表9-12）、二级指标得分（表9-13）。

表9-11 2019年北京市"三城一区"创新投入指标原值

二级指标	三级指标	中关村科学城	怀柔科学城	未来科学城	北京经济技术开发区（亦庄）
人才投入	万人从业人员中研发人员人数（人）	1111.01	832.25	903.66	493.64
	研发人员全时当量（人年）	136218.42	2682.27	5864.42	12209.69
资金投入	研发经费内部支出（万元）	9338205.7	116970.3	479423.3	975590.4
	研发人员人均研发经费内支出（万元）	43.75	27.65	42.43	49.54
	基础研究研发经费占比（%）	18.64	16.15	8.81	1.32
	在孵企业当年获得风险投资额（万元）	410352.58	0	182031.83	41130.00
	在孵企业获得各级财政资助额（万元）	7235.99	0	3551.46	1299.03

表9-12 2019年北京市"三城一区"创新投入三级指标得分

二级指标	三级指标	中关村科学城	怀柔科学城	未来科学城	北京经济技术开发区（亦庄）
人才投入	万人从业人员中研发人员人数	100.00	81.94	86.57	60.00
	研发人员全时当量	100.00	60.00	60.95	62.85
资金投入	研发经费内部支出	100.00	60.00	61.57	63.72
	研发人员人均研发经费内支出	89.42	60.00	87.01	100.00
	基础研究研发经费占比	100.00	94.25	77.30	60.00
	在孵企业当年获得风险投资额	100.00	60.00	77.74	64.01
	在孵企业获得各级财政资助额	100.00	60.00	79.63	67.18

表 9-13 2019 年北京市"三城一区"创新投入二级指标得分

二级指标	中关村科学城	怀柔科学城	未来科学城	北京经济技术开发区（亦庄）
人才投入	100.00	70.97	73.76	61.43
资金投入	97.88	66.85	76.65	70.98

4. 创新产出

通过 2019 年北京市"三城一区"创新产出三级指标原值（表 9-14）得到三级指标得分（表 9-15）、二级指标得分（表 9-16）。

表 9-14 2019 年北京市"三城一区"创新投入指标原值

二级指标	三级指标	中关村科学城	怀柔科学城	未来科学城	北京经济技术开发区（亦庄）
专利	万名研发人员发明专利申请量（件）	2477.45	1248.23	1986.90	2472.70
	万名研发人员发明专利授权量（件）	1113.43	560.28	623.95	838.96
	亿元研发投入发明专利申请量（件）	56.63	45.14	46.83	49.91
	亿元研发投入发明专利授权量（件）	25.45	20.26	14.71	16.93
科技论文	万名从业人员科技论文数（篇）	634.35	1175.38	129.00	22.29
国家或行业标准	每百家企业国家或行业标准数（项）	537.09	959.77	11.84	7.77
技术交易	专利所有权转让及许可收入（万元）	640095	16416	219681	90902
重大成果	国家科技奖获奖成果数（项）	47	0	2	0

表 9-15　2019 年北京市"三城一区"创新产出三级指标得分

二级指标	三级指标	中关村科学城	怀柔科学城	未来科学城	北京经济技术开发区（亦庄）
专利	万名研发人员发明专利申请量	100.00	60.00	84.04	99.85
	万名研发人员发明专利授权量	100.00	60.00	64.60	80.15
	亿元研发投入发明专利申请量	100.00	60.00	65.88	76.61
	亿元研发投入发明专利授权量	100.00	80.67	60.00	68.27
科技论文	万名从业人员科技论文数	81.23	100.00	63.70	60.00
国家或行业标准	每百家企业国家或行业标准数	82.24	100.00	60.17	60.00
技术交易	专利所有权转让及许可收入	100.00	60.00	73.04	64.78
重大成果	国家科技奖获奖成果数	100.00	60.00	61.70	60.00

表 9-16　2019 年北京市"三城一区"创新产出二级指标得分

二级指标	中关村科学城	怀柔科学城	未来科学城	北京经济技术开发区（亦庄）
专利	100.00	65.17	68.63	81.22
科技论文	81.23	100.00	63.70	60.00
国家或行业标准	82.24	100.00	60.17	60.00
技术交易	100.00	60.00	73.04	64.78
重大成果	100.00	60.00	61.70	60.00

5. 创新绩效

通过 2019 年北京市"三城一区"创新绩效三级指标原值（表 9-17）得到三级指标得分（表 9-18）、二级指标得分（表 9-19）。

表 9-17　2019 年北京市"三城一区"创新投入指标原值

二级指标	三级指标	中关村科学城	怀柔科学城	未来科学城	北京经济技术开发区（亦庄）
经济绩效	地均营业收入（元/平方米）	2129837.69	58637.65	150621.70	792214.37
	地均投资收益（元/平方米）	92710.82	449.96	558.99	3610.20
	地均营业利润（元/平方米）	150073.29	−135.51	3736.22	35750.59
	地均利润总额（元/平方米）	142525.89	−59.27	3724.20	36815.46
环境绩效	万元营收用水量（立方米）	45.23	36.93	29.65	35.30
	万元营收综合能耗（吨标准煤）	77.78	240.57	157.92	79.46

表 9-18　2019 年北京市"三城一区"创新绩效三级指标得分

二级指标	三级指标	中关村科学城	怀柔科学城	未来科学城	北京经济技术开发区（亦庄）
经济绩效	地均营业收入	100.00	60.00	61.78	74.17
	地均投资收益	100.00	60.00	60.05	61.37
	地均营业利润	100.00	60.00	61.03	69.56
	地均利润总额	100.00	60.00	61.06	70.34
环境绩效	万元营收用水量	100.00	78.69	60.00	74.51
	万元营收综合能耗	60.00	100.00	79.69	60.41

表 9-19　2019 年北京市"三城一区"创新绩效二级指标得分

二级指标	中关村科学城	怀柔科学城	未来科学城	北京经济技术开发区（亦庄）
经济绩效	100.00	60.00	60.98	68.86
环境绩效	80.00	89.35	69.85	67.46

6. 整体评价

最后得到 2019 年北京市"三城一区"创新能力各维度得分（表 9-20）。

表 9-20　2019 年北京市"三城一区"创新能力各维度得分

维　　度	中关村科学城	怀柔科学城	未来科学城	北京经济技术开发区（亦庄）
创新环境	100.00	70.25	61.26	65.21
创新平台	94.03	64.61	70.72	71.02
创新投入	98.94	68.91	75.21	66.20
创新产出	92.69	77.03	65.45	65.20
创新绩效	90.00	74.67	65.41	68.16
总体得分	95.13	71.09	67.61	67.16

三、重点监测指标

在北京市"三城一区"创新能力监测过程中，除了监测反映创新能力的共性指标，还要结合北京市"三城一区"的发展优势及特色产业，重点关注各功能区创新能力的个性指标。

（1）中关村科学城。重点监测国际标准和国际人才数量 2 个指标。

（2）怀柔科学城。目标是建设综合性国家科学中心，所以可以增加反映大科学装置这种推动原始创新的重要平台建设情况的指标。重点监测国家重大项目数量和国家重大科技基础设施（大科学装置）建成数量 2 个指标。

（3）未来科学城。初期规划以服务中央企业科研为主，未来将建设重大共性技术研发创新平台，闲置空间的利用是地区发展的关键。重点监测入驻企业数量、研发中心数量和国家级研究机构数量 3 个指标。

（4）示范区。示范区是科技成果转化落地的平台，所以增加重点产业指标，体现地区创新型产业集群发展成果，重点产业包括汽车及交通设备产业、电子信息产业、装备制造产业、生物工程和医药产业等。重点监测重点产业的产值、重点产业的利润和新产品占销售收入占比 3 个指标。

此外，考虑到中美两国贸易摩擦增加、新冠病毒感染疫情的影响，在以国内大循环为主体、国内国际双循环相互促进的新发展格局下，应着重关注经济发展新动能、企业经营管理者对经济的预期等因素。具体监测指标包括新型基础设施建设情况（新基建投资占比）、企业经营管理者经济预期等。

第三节 统计数据分析

一、研发经费

2018—2019 年，北京市"三城一区"研发经费总量增加了 147.83 亿元，但人均经费出现下降，降幅达到 3.75 万元。其中，中关村科学城和未来科学城的人均研发经费分别减少 4.58 万元和 9.22 万元，主要是由于研发人员增速快于研发经费增速；而怀柔科学城和北京经济技术开发区（亦庄）的人均研发经费则分别增加了 6.64 万元和 2.32 万元（表 9–21），其中怀柔科学城人均研发经费增加的原因是研发人员减少。

表 9-21　2018—2019 年北京市"三城一区"人均研发经费支出（万元 / 人）

时间（年）	中关村科学城	怀柔科学城	未来科学城	北京经济技术开发区（亦庄）
2018	48.33	47.22	51.65	21.02
2019	43.75	49.54	42.43	27.65

2018—2019年，北京市"三城一区"各类研发经费增长幅度达到15.90%，其中怀柔科学城的增幅最大，为18.29%，这主要得益于怀柔科学城在基础研究方面的投入增长（增幅为83.02%）。从研发经费支出结构来看，基础研究日益得到重视，经费支出不断增加，尤其是北京经济技术开发区（亦庄）的基础研究经费增加了51.66倍，这说明了基础研究在高精尖产业发展中的作用日益提升。

二、研发人员

2018—2019年，北京市"三城一区"研发人员折合全时当量增长了35859.22人年，增幅为29.61%。其中，中关村科学城贡献最大，折合全时当量增加了35580.35人年；北京经济技术开发区（亦庄）有小幅上涨，折合全时当量增加了908.37人年。而怀柔科学城和未来科学城研发人员折合全时当量出现了一定程度的下滑，2019年较2018年分别降低了236.07人年和393.43人年（表9-22）。

表9-22　2018—2019年北京市"三城一区"研发人员折合全时当量（人年）

时间（年）	中关村科学城	怀柔科学城	未来科学城	北京经济技术开发区（亦庄）
2018	100638.07	2918.34	6257.84	11301.31
2019	136218.42	2682.27	5864.42	12209.69

从北京市"三城一区"研发人员的结构看，2018—2019年，试验发展类研发人员的折合全时当量增幅为12.31%，远远低于全部研发人员折合全时当量的增幅，在全部研发人员全时当量中的占比从55.96%降至48.49%，下降了7.47个百分点。而基础研究类研发人员的折合全时当量占比则在上升，从2018年的19.46%增长到了2019年的21.74%，中关村科学城、怀柔科学城、未来科学城和北京经济技术开发区（亦庄）研发人员折合全时当量的增幅分别为1.26%、8.02%、6.87%和0.31%，其中怀柔科学城2019年基础研究类研发人员折合全时当量占比提升至19.84%，基础研究的集聚效应日益显现。

三、专利产出

从北京市"三城一区"的专利申请量来看，2019 年中关村科学城专利申请中发明专利的占比高达 72.30%，展现了较高的创新活力和积极性，而怀柔科学城和北京经济技术开发区（亦庄）的发明专利申请占比明显低于北京市的平均水平，说明其创新活力和创新成果产出尚有待提升。从北京市"三城一区"的专利授权量来看，中关村科学城专利中发明专利的占比为 57.17%，仍占据榜首，其有效发明专利在北京市的占比达到 40.16%；而北京经济技术开发区（亦庄）的发明专利授权占比仅为 22.93%，其有效发明专利在北京市的占比仅为 3.18%，提示其创新能力亟待提升。从北京市"三城一区"发明专利授权与发明专利申请的比例来看，各功能区与全市平均水平差距不大，基本都维持在 60% 左右，申请成功率较高（表 9–23）。

表 9–23　2019 年北京市"三城一区"专利申请及授权情况

项　　目	全市	中关村科学城	怀柔科学城	未来科学城	北京经济技术开发区（亦庄）
发明专利申请量占比（%）	57.46	72.30	46.68	57.21	43.26
发明专利授权量占比（%）	40.33	57.17	33.05	31.69	22.93
发明专利授权量 / 申请量（%）	58.25	56.84	63.40	56.70	64.01
有效发明专利量在全市占比（%）	100.00	40.16	0.73	1.35	3.18

从专利所有权转让及许可数量来看，2019 年中关村科学城专利所有权转让及许可的数量为 11977 件，在北京市"三城一区"专利所有权转让及许可总量中占 90.45%，具有绝对优势。从专利所有权转让及许可的平均收入来看，2019 年未来科学城以 1120.82 万元 / 件的收入位列第一名，这得益于其以先进能源、先进制造、生物医药为主导产业的发展模式；而中关村科学城的平均收入仅为 53.44 万元 / 件，不及未来科学城的 5%。另外，值得一提的是，同为高精尖产

业集聚区，北京经济技术开发区（亦庄）和北京创新产业集群示范区（顺义）
的专利权转让及许可数量与平均收入存在明显差异，前者的专利权转让及许可
数量约为后者10%，但是前者的平均收入却是后者1500倍（表9-24）。由此
可见，北京经济技术开发区（亦庄）在成果转化方面已经形成"少而精"的规
模效应，并且涌现出一批高价值的创新成果。

表9-24　2019年北京市"三城一区"专利所有权转让及许可情况

项　　目	中关村科学城	怀柔科学城	未来科学城	北京经济技术开发区（亦庄）	创新产业集群示范区（顺义）
专利所有权转让及许可平均收入（万元/件）	53.44	114.00	1120.82	1069.44	0.69
专利所有权转让及许可数量（件）	11977	144	196	85	839

四、产业发展

信息传输、软件和信息技术服务业保持主导产业地位。2018年，在北京
市"三城一区"的各产业门类中，信息传输、软件和信息技术服务业及工业
的产值占据了近一半的份额，贡献率分别为25.56%和21.10%（图9-1），中
关村科学城和北京经济技术开发区（亦庄）在这2个产业中贡献产值分别为
2436.91亿元和1435.64亿元，发挥了引擎带动作用。除此之外，科学研究和
技术服务业（11.21%）、金融业（8.67%）、教育业（7.16%）及批发和零售业
（6.54%）的贡献产值之和超过了1/3。总体来看，北京市"三城一区"第三产
业的贡献率达到80%。

北京市"三城一区"高技术制造业增加值稳步增长。2018—2019年，中
关村科学城、未来科学城和北京经济技术开发区（亦庄）的增加值同比分别
增加了7.6%、7.4%和7.8%。其中，高技术制造业在北京经济技术开发区（亦
庄）发挥了主导产业作用，2018年和2019年高技术制造业在GDP年增加值
中的贡献率分别达到70.59%和60.44%（表9-25），北京经济技术开发区（亦

庄)的高精尖产业集聚效应依旧稳固。此外,中关村科学城的高技术制造业贡献率基本维持在1/3,成为中关村科学城发展的重要支柱。

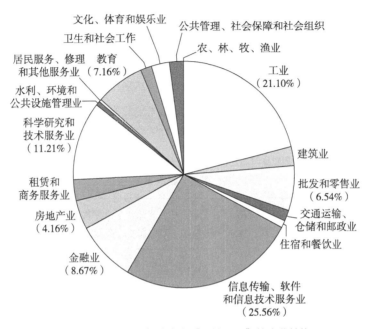

图 9-1　2018 年北京市"三城一区"的产业结构

表 9-25　2018—2019 年北京市"三城一区"GDP 增加值及高技术制造业主营业务收入贡献率

时间（年）	项　　目	中关村科学城	怀柔科学城	未来科学城	北京经济技术开发区（亦庄）	创新产业集群示范区（顺义）
2018	GDP 增加值（亿元）	7411.7	149.6	264.2	2189.5	—
	高技术制造业主营业务收入贡献率（%）	32.97	15.06	21.93	70.59	—
2019	GDP 增加值（亿元）	7975.0	150.7	283.7	2360.2	258.7
	高技术制造业主营业务收入贡献率（%）	33.32	18.95	22.34	60.44	20.23

从高技术制造业的创新能力来看，中关村科学城的企业新产品销售收入在主营业务收入中的占比超过 52%，在北京市"三城一区"中独占鳌头，展现了中关村科技城高技术制造业的雄厚科技实力和创新能力。而北京经济技术开发区（亦庄）的企业新产品销售收入在主营业务收入中的占比则低于 25%，在北京市"三城一区"中居于末位，而且新产品销售收入规模呈现逐年走低的态势，2019 年较 2018 年减少了 54 亿元（表 9-26），反映了北京经济技术开发区（亦庄）在产业化发展中的创新瓶颈，即未能得到有效的创新资源支撑。

表 9-26　2018—2019 年北京市"三城一区"高技术制造业的新产品销售收入及其在主营业务收入中的占比

时间（年）	项　目	中关村科学城	怀柔科学城	未来科学城	北京经济技术开发区（亦庄）	创新产业集群示范区（顺义）
2018	新产品销售收入（千元）	130126440	900319	2630728	37831122	—
	在主营业务收入中的占比（%）	52.74	39.97	45.40	24.48	—
2019	新产品销售收入（千元）	138660320	1153910	2908258	32472818	2456045
	在主营业务收入中的占比（%）	52.69	40.41	45.89	22.76	46.93

创新产业的集群化发展态势更加明显。从北京市创新型产业集群发展状况来看，相关企业主要集中于中关村科学城，集群企业在北京市的占比为83.54%，从业人员占比 64.29%，科技活动人员占比 87.51%，工业总产值占比98.59%，当年授权发明专利占比 93.72%（表 9-27）。由此可见，中关村科学城创新型产业集群的规模、结构、质量、效益等方面都占据了绝对的主导地位，遥遥领先于其他功能区。

表9-27　2019年中关村科学城创新型产业集群发展状况

项　目	北京市	中关村科学城	中关村科学城占比（%）
集群企业总数（家）	869	726	83.54
高新技术企业（家）	369	226	61.25
境外控股企业（家）	30	30	100.00
上市企业（家）	68	44	64.71
在孵企业数（家）	275	275	100.00
集群人员总数（人）	127227	81800	64.29
留学归国人员（人）	4676	4200	89.82
集群企业工业总产值（万元）	29108065.1	28698000	98.59
集群企业营业收入（万元）	48074655.1	28698000	59.69
集群企业出口总额（万元）	1359396.8	1330000	97.84
集群企业净利润（万元）	4267683.2	1962000	45.97
集群企业实际上缴税费总额（万元）	1611022.9	1080000	67.04
集群企业当年获得的风险投资额（万元）	4200000	4200000	100.00
集群企业科技活动人员数（人）	79995	70000	87.51
集群企业科技活动经费支出（万元）	3523715.6	3110000	88.26
集群企业当年申请发明专利数（件）	3484	2858	82.03
集群企业当年授权发明专利数（件）	2708	2538	93.72
集群创新服务机构数（个）	12	12	100.00

五、后疫情时期北京市"三城一区"的发展

（1）中关村科学城持续引领科技创新中心高质量发展。2020年1—6月，

中关村科学城规模以上法人单位实现总收入29349.2亿元，在北京市各高端产业功能区中占比为68.19%，同比保持5.9%的增速（表9-28），与高端产业功能区平均水平相比，增幅是比较高的。中关村科学城工业总产值5364.1亿元，占北京市工业总产值的59.7%；出口总额1184.8亿元，同比增长20.5%，占北京市出口总额的47.7%；期末从业人员239.3万人，其中研发人员64.9万人，占从业人员的27.1%。中关村科学城企业共申请专利51729件，同比增长10.4%，占同期北京市企业专利申请量的61.4%。其中发明专利申请量31790件，同比增长11.3%，在中关村科学城企业专利申请量中占比61.5%；同期获得专利授权30943件，同比增长5.0%。其中发明专利授权量11684件，同比下降12.7%，占中关村科学城企业专利授权的37.8%，占同期北京市企业发明专利授权的76.8%。截至2020年6月底，中关村科学城企业拥有有效发明专利131280件，占北京市企业有效发明专利的67.6%。

表9-28 2020年1—6月北京市高端产业功能区规模以上法人单位的收入情况

区　　域	单位数（个）	收入（亿元）	增速（%）	单位平均收入（亿元）
中关村国家自主创新示范区	8116	29349.2	5.9	3.616215
金融街	559	6674.6	持平	11.94025
北京商务中心区	1899	3487.2	-5.1	1.836335
北京经济技术开发区（亦庄）	944	6854.8	9.6	7.261441
首都机场临空经济示范区	880	1525.4	-15.5	1.733409
奥林匹克中心区	1419	1652.8	-16.8	1.164764
高端产业功能区合计（剔重）	13028	43038.5	-0.8	3.303539

（2）北京经济技术开发区（亦庄）对北京市实体经济的带动作用不断增强。2020 年 1—6 月，北京经济技术开发区（亦庄）规模以上法人单位的收入增速达到 9.6%，在各类产业功能区中位列第一名，单位平均收入达到 7.26 亿元，是高端产业功能区平均水平的 2.2 倍，产业规模效应显著。此外，北京经济技术开发区（亦庄）工业增加值 465.3 亿元，同比增长 9.4%，高于北京市 6个百分点，占北京市工业增加值的比例为 22.4%，对北京市产值增长的贡献率为 78.2%。重点产业实现产值 1866.9 亿元，同比增长 8.8%，增速高于开发区工业产值增速 0.4 个百分点，占开发区工业产值的比例为 92.3%（表 9-29）。其中，汽车及交通设备产业整体发展良好，16 家规模以上汽车企业中有 12 家产值同比实现增长，对开发区工业产值增长的贡献率为 75.8%，拉动工业产值增长 6.3 个百分点；生物工程和医药产业产值增长 16.2%，对开发区工业产值增长的贡献率为 21.7%，拉动工业产值增长 1.8 个百分点。

表 9-29　2020 年 1—6 月北京经济技术开发区（亦庄）重点产业工业总产值

项　　目	工业总产值（亿元）	增速（%）	占开发区工业产值的比例（%）
汽车及交通设备产业	957.9	14.1	47.4
电子信息产业	426.5	−0.1	21.1
装备制造产业	239	−0.3	11.8
生物工程和医药产业	243.4	16.2	12.0
合　　计	1866.9	8.8	92.3

（3）新一代信息技术产业的"发动机"作用日益增强。2020 年 1—6 月，在中关村科学城，规模（限额）以上电子和信息类企业的总收入和技术收入占比分别为 47.75% 和 69.74%，其产品销售收入也逆势保持正向增长；特别是在新冠病毒感染疫情影响之下，电子和信息类企业的总收入保持同比15.5% 的增长率，与中关村科学城规模（限额）以上企业总收入的同比增幅

（5.9%）相比，高出近 10 个百分点，有效发挥了高精尖产业的引领带动作用。从研发投入来看，电子和信息类规模以上企业的研究开发费用在中关村科学城规模以上企业中占比为 72.11%，研发人员占比为 68.01%。2020 年上半年，数字经济、互联网相关产业研发投入大幅增加，1—5 月北京市大中型重点企业研究开发费用同比增长 12.8%。其中，信息服务业在部分互联网企业加大电商零售、视频直播、人工智能算法等方面研发支出带动下，研发费用增长 17.9%，增速提高 6.1 个百分点。

（4）高技术制造业和科技服务业为高精尖产业储备动能。在固定资产投资方面，2020 年 1—6 月，在制造业中固定资产投资占比超 50% 的高技术制造业投资在部分集成电路企业扩产、新型联合疫苗产业化等项目带动下增加，增速同比增长 110.3%。科学研究和技术服务业的固定资产投资额增长超过 87.3%，与固定资产投资（不含农户）总额相比，增幅高出了 91.8 个百分点（图 9-2）。其中，高技术服务业投资在海淀产业园区建设、怀柔科学城相关项目的带动下增长 24.0%，提高了 11.1 个百分点。2020 年 1—6 月，科技服务业在医药研发企业加大抗疫相关药品和疫苗研发带动下，研究开发费用由 1—2 月下降 9.6% 转为增长 1.1%。

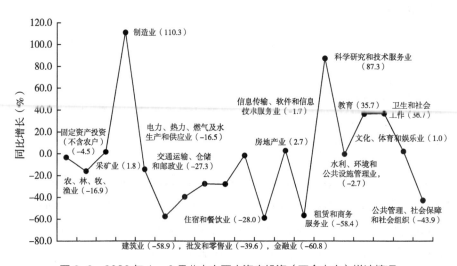

图 9-2　2020 年 1—6 月北京市固定资产投资（不含农户）增速情况

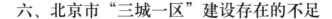

六、北京市"三城一区"建设存在的不足

1. 创新能力有待提升

关键核心技术和标准仍缺乏,北京旷视科技有限公司等反映,我国在高端芯片、开源框架等方面基础薄弱,GPU、FPGA 等硬件及算法开源框架主要被英伟达公司、英特尔公司、谷歌公司等外国公司垄断,百度飞桨等自主开源框架尚未形成技术开发生态;应用端数据和产品缺乏统一标准,应用实施水平和方案契合度缺少评价。更多应用场景研发落地较慢,百度在线网络技术(北京)有限公司等反映,目前人工智能技术大多集中在服务业、互联网领域,在工业、商业、城市管理运行及医疗、教育等传统细分行业应用程度较浅,融合路径和主攻方向不清晰,企业市场推广周期较长,产业智能化困难,新技术、新产品应用场景统筹协调薄弱,重点企业应用场景需求平台建设有待加强,应用场景利用率有待提高。产业发展缺乏龙头企业带动,百度在线网络技术(北京)有限公司、小米科技有限责任公司、京东世纪贸易有限公司等领军企业纷纷发力人工智能技术,加大研发投入,但受技术和行业应用限制,企业人工智能业务板块体量不大,收入主要来源于传统业务;北京旷视科技有限公司等独角兽企业营收和税收贡献有限,尚未成长为领军企业,产业生态整合能力尚显不足。

2. 要素保障不够到位

产业化项目落地缺乏政府引导资金,如第三代半导体产业化项目投资大,融资难问题突出,前期投入多,投资周期长,回报慢,市场应用小,难以对社会资本形成吸引力。建议针对重点项目出台专项引导扶持政策,在平台建设、专业服务、示范应用等方面给予支持,增强多元化金融投入等。人才引进难度加大,高能同步辐射光源涉及的加速器人才主要集中在美国,目前中美两国合作的困境导致人才签证办理审查较严,拒签率较高,加大了人才引进难度。此外,中芯北方集成电路制造(北京)有限公司、中芯国际集成电路制造(北京)有限公司、北京北方华创微电子装备有限公司均普遍反映中美两国贸易纠纷对科研项目、先进技术及人才引进有影响。

3. 疫情影响尚未消除

受国内外新冠病毒感染疫情及相关政策因素影响，前期开复工面临人员到岗率低、产业供应链短缺等问题，导致科技创新中心建设的多个重点项目进度延迟，需要加紧赶工完成既定目标，如北京经济技术开发区（亦庄）共计 5 项重点项目（细分为 8 项）进度迟缓，1 个重点项目拟申请退出。受新冠病毒感染疫情影响，企业面临成本上升、市场需求放缓、研发投入缩减等问题。一方面，新冠病毒感染疫情增加了防疫措施费，如人员隔离、包车运输、购置防疫物资、采取防疫措施等费用；另一方面，人、材、机因市场供应紧张而出现价格上涨。另外，出口国对部分设备加征关税，导致设备采购成本和项目建设成本上升，如综合极端条件实验装置——超快 X 射线动力学实验子系统用到的 800nm 全反镜等设备从美国公司采购，需要加征 10% 的关税。同时，市场需求疲弱，汽车、家电等行业已出现库存积压问题，部分企业资金链压力较大。北京泰德制药股份有限公司"得百安""凯纷"等产品受新冠病毒感染疫情期间医院门诊量和手术量大幅下降的影响，需求下滑明显，"凯纷"中标"4+7"带量采购[1]，产品价格从 311 元下降至 109 元，降幅高达 65%。

4. 创新环境亟待优化

相关部委之间的协调力度亟待提升，重大项目落地需要市级、区级政府部门之间的协调。中关村示范区为充分发挥先行先试"试验田"作用，争取更多方面的先行先试改革，需要进一步深化与中央单位的对接沟通，如在创新药品和医疗器械审批方面，事权在国家层面，需要积极争取相关支持。以未来科学城为代表的中央企业集中区，创新环境仍有待进一步优化，其所运营的众创空间单位面积收入仅为 1.2 元 / 平方米，房租及物业收入在总收入中占比高达 65.96%，创业团队和企业吸纳就业人员中应届大学生占比不足 10%（表 9–30）。由此可见，未来科学城的进一步"搞活"势在必行，众

---

[1] 2018 年 11 月 15 日，《4+7 城市药品集中采购文件》发布，国家组织药品集中采购试点，试点地区包括 4 个直辖市、7 个省会城市，即北京市、天津市、上海市、重庆市和沈阳市、大连市、厦门市、广州市、深圳市、成都市、西安市 11 个城市（简称"4+7"城市）。

创空间亟须引入新的运营主体，开展多元化、专业化的创业服务，并通过与沙河高教园区建立联动机制，在支持大学生创新带动就业方面发挥更重要的作用。

表9-30　2019年北京市"三城一区"众创空间基本情况

项　　目	中关村科学城	怀柔科学城	未来科学城	北京经济技术开发区（亦庄）
房租及物业收入占比（%）	36.75	11.28	65.96	16.37
财政补贴占比（%）	8.12	13.87	12.15	3.22
服务收入占比（%）	36.23	14.24	21.22	2.54
纳税额/财政补贴（%）	63.03	19.59	57.72	58.51
净收益（千元）	−2475.99	37772.55	36328.73	26364.92
单位面积收入（千元/平方米）	2.16	3.55	1.20	4.42
创业团队和企业吸纳就业人员中应届大学生占比（%）	11.61	20.36	9.04	11.98

5. 协同创新联动发展效应仍未形成

各功能区之间科技成果转化承接难度较大，市级层面统筹协调及信息发布平台有待加强，重大项目落地统筹布局协调机制有待完善。此外，高精尖产业发展资金统筹使用的项目"支持'一区多园'培育高精尖产业"，因高精尖产业发展资金需全市统筹使用而导致项目暂缓推进。研发人员向中关村科学城集聚的态势进一步显著。2019年北京市"三城一区"研发人员增加50693人，增幅为25.94%。从结构来看，2018年和2019年中关村科学城研发人员占比分别为84.42%和86.49%；而怀柔科学城和北京经济技术开发区（亦庄）研发人员占比均未超过10%（表9-32）。从整体上看，北京市"三城一区"的联动发展效应未能有效实现，中关村科学城的虹吸效应依旧较强。

6. 创新型产业集群的企均产出和效益有限

中关村科学城的企均产值规模较北京市的平均水平超出 18.01%（图 9-3）。但是从投入产出比来看，中关村科学城的企均科技活动人员数量、科技活动经费支出、当年获得的风险投资额分别比北京市平均水平高 4.74%、5.64% 和 19.70%，而企均营业收入、净利润、实际上交税费额度与北京市平均水平相比，则分别低 28.55%、44.97% 和 19.76%。由此可见，中关村科学城创新型产业集群的创新要素投入和经济价值产出未能有效平衡。造成这一问题的原因可能是北京市"三城一区"的创新链分工所致，相较于北京市的总体情况特别是以北京经济技术开发区（亦庄）为代表的产业化功能区，中关村科学城集聚了大量科技型中小企业、初创企业，大多靠近研发端，科技活动所需的人力、资金投入较大，同时获得的税收减免额度也较高，而规模化、产业化程度比较有限，未能产生足额的经济收益。

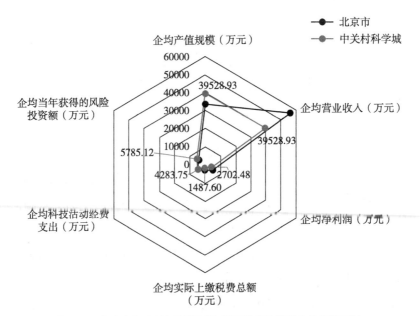

图 9-3　北京市和中关村科学城的创新型产业集群企均指标对比

七、对北京市"三城一区"建设的建议

1. 促进技术创新，加快产业聚集

聚焦新经济发展，推进"前沿科技 + 新兴产业"融合创新，加速创新技术向产品化、产业化转化。着力打造"高精尖"产业集群，积极布局高能级功能型研发创新平台，深入推进存量空间更新，提升产业空间供给能力，加快前沿科技应用场景落地。重点聚焦高精尖产业的项目清单、企业清单、问题清单，研究产业发展需求，定期跟踪反馈。加大对高端芯片、开源框架等关键核心技术的研发投入力度，加快推进应用端数据和产品的研制；推进人工智能技术在工业、商业、城市管理运行及医疗、教育等传统细分行业的应用，给予企业更多市场机会，打造具有黏性的产业生态系统；持续推进百度在线网络技术（北京）有限公司、小米科技有限责任公司、京东世纪贸易有限公司等领军企业人工智能技术研究开发，促进产业结构升级。

2. 强化资金支持，健全人才保障

按照任务 / 项目实施预案，对各牵头单位的重点项目进行督查，针对问题突出的项目进行实地调研，协调并及时上报产业化配套资金等问题。及时解决企业在项目实施过程中碰到的困难，通过完善相关政策支持、管理机制等，进一步打造重点项目工程。清醒认识中美两国经贸摩擦不断升级对中国的影响，做好海外人才引进的各项前期准备工作，加强国际化高层次人才的引进，通过提供出入境和生活便利条件等解决海外人才的后顾之忧，积极推动外国人工作许可向海外人才聚集的区域下放，主动参与国际人才社区建设。例如，支持北京量子信息科学研究院通过欧洲事务处和首席国际关系运营官收集外籍候选人信息，大力引进海外人才，加强学术与交流，提高北京量子信息科学研究院的国际影响力。适量新增博士生指标下达至新型研发机构共建高校，用于联合培养试点。推动"包干制"经费管理办法修订发布工作，优化科研经费管理，赋予科研机构和人员更大自主权探索资助项目经费"包干制"。

3. 克服疫情影响，把握市场机遇

加快推进重点任务、项目建设，加大统筹调度力度，持续加强与相关部

门的沟通协调，及时反馈任务、项目进展情况及亮点工作；提升与区内其他责任部门的配合力度，及时跟进任务、项目进展，解决企业在项目实施过程中遇到的困难与问题。抓住新冠病毒感染疫情防控对科技支撑的需求，加大对智慧医疗、人工智能、大数据、5G 等新兴产业的支持力度。加快新型基础设施建设，推动 5G 网络部署，促进光纤宽带网络的优化升级，加快全国一体化大数据中心建设，稳步推进传统基础设施的"数字 +""智能 +"升级，超前部署重大科技基础设施、科教基础设施、产业技术创新基础设施等，形成发展新动能。加快医药健康、交通、政务等重点领域应用场景建设，推动 5G、人工智能、工业互联网、物联网等底层技术应用。

4. 深化央地对接，增进各区协同

加强对接沟通，积极争取中央单位的支持。加强与中央单位的协调力度，积极对接科学技术部、国家发展和改革委员会、国务院国有资产监督管理委员会、国家药品监督管理局、国家外汇管理局等中央单位，在国家实验室建设、承接国家科技重大专项、重大科技基础设施、先行先试改革、激发中央企业创新活力等方面，强化创新资源统筹，争取中央单位更多、更大的支持。建立北京市"三城一区"合作对接机制，实现信息交流互联互通，强化"三城"科技成果的转移转化。建立研发设计、小试、中试、系统集成、测试验证等公共服务平台，吸引一批制造业创新平台和创新中心。依托示范区现有空间资源，打造一批特色产业园、双创示范基地、孵化转化基地。

主要参考文献

［1］AUTIO E. Evalution of RTD in regional systems of innovation［J］. European Planning Studies，1998（6）：131-140.

［2］ANDERSON M，KARLSSON C. Reginal innovation systems in small and medium-sized regions：A critical review and assessment［J］. CESIS Working Paper Swries，2004.

［3］COOKE P. Regional innovation systems: general findings and some new evidence form biotechnology clusters［J］. Journal of Technology Transfer，2002（27）：133-145.

［4］TODTLING F，TRIPPL M. One size fits all？：Towards a differentiated regional innovation policy approach［J］. Research Policy，2004，34（8）：1203-1219.

［5］艾之涵. 法国索菲亚科学园区的发展对我国高新科技园区的启示［J］. 科技管理研究，2015，35（22）：85-88.

［6］陈冰，刘绮黎. 2016上海科技创新指数［J］. 新民周刊，2016（50）：56-57.

［7］陈搏. 全球科技创新中心评价指标体系初探［J］. 科研管理，2016，37（S1）：289-295.

［8］陈敬全. 欧洲创新体系的测度与评估：基于欧洲创新记分牌的指标、方法和应用情况的分析［J］. 全球科技经济瞭望，2010，25（12）：5-18.

［9］陈翔翔，林喜庆. 科技园区创新模式比较与启示：基于硅谷、新竹和筑波创新模式的分析［J］. 中国行政管理，2009（10）：113-115.

［10］戴东强. 新形势下我国都市工业园创新机制与模式研究［D］. 武汉：武汉理工大学，2012.

［11］杜德斌. 全球科技创新中心：世界趋势与中国的实践［J］. 科学，2018，70（6）：15-18，69.

［12］傅家骥. 技术创新学［M］. 北京：清华大学出版社，1998.

［13］高锡荣，罗琳，张红超. 从全球创新指数看制约我国创新能力的关键因素［J］. 科

技管理研究，2017，37（1）：15-20.

[14] 葛佳慧. 法国索菲亚科技园区：国际化造就的创新集群典范 [J]. 华东科技，2011
（7）：61.

[15] 郭乾. 国际科技创新园区发展经验探索 [J]. 智能城市，2016，2（8）：269.

[16] 火炬高技术产业开发中心，中国高新区研究中心. 国家高新区创新能力评价报告
（2015）[M]. 北京：科学技术文献出版社，2015.

[17] 纪宝成，赵彦云. 中国走向创新型国家的要素：来自创新指数的依据 [M]. 北京：
中国人民大学出版社，2008.

[18] 蒋玉宏，王俊明，朱庆平. 从《2017硅谷指数》看美国硅谷地区创新创业发展态
势 [J]. 全球科技经济瞭望，2017，32（3）：64-67.

[19] 李芹芹，刘志迎. 国内外创新指数研究进展述评 [J]. 科技进步与对策，2013，30
（2）：157-160.

[20] 刘清，李宏. 世界科创中心建设的经验与启示 [J]. 智库理论与实践，2018，3（4）：
89-93.

[21] 马名杰，石光. 创新指数国际比较与中国创新体系运行特征 [J]. 现代产业经济，
2013（10）：63-69.

[22] 上海市科学学研究所. 上海科技创新中心指数报告（2016）[M]. 上海：上海教育
出版社，2016.

[23] 石庆波，周明，李国东. 中关村贵阳科技园创新指数设计：基于硅谷指数和中关村
指数的分析 [J]. 价值工程，2017，36（15）：8-11.

[24] 首都科技发展战略研究院. 首都科技创新发展报告（2018）[M]. 北京：科学出版
社，2018.

[25] 孙艳艳，张红，张敏. 日本筑波科学城创新生态系统构建模式研究 [J]. 现代日本
经济，2020（3）：65-80.

[26] 王海芸. 日本筑波科学城发展的启示研究 [J]. 科技中国，2019（3）：20-27.

[27] 王海芸，陶晓丽，刘杨. 基于"五种责任"的全国科技创新中心评价指标研究 [J].
科研管理，2017，38（S1）：317-324.

[28] 王洪靖. 浅析硅谷银行模式对我国科技银行发展的启示 [J]. 经济研究导刊，2019
（10）：84-85.

[29] 王力，郭哲宇. 投贷联动模式的国际经验 [J]. 中国金融，2018（18）：82-83.

[30] 王振旭，朱巍，张柳，等. 科技创新中心、综合性国家科学中心、科学城概念辨析

及典型案例［J］．科技中国，2019（1）：48–52．

［31］杨哲英，张琳．高新技术产业组织模式的演进方向：以日本筑波科学城为例的分析［J］．日本研究，2007（4）：43–47．

［32］于忠珍．以创新引领打造产业园区建设发展新模式：硅谷高科技产业园发展经验借鉴［J］．中共青岛市委党校．青岛行政学院学报，2018（3）：22–27．

［33］余菜花，刘军．发达国家"人才特区"建设研究［J］．中国国情国力，2012（8）：47–50．

［34］中国科技发展战略研究小组，中国科学院大学中国创新创业管理研究中心．中国区域创新能力评价报告（2019）［M］．北京：科学技术文献出版社，2019．

［35］中华人民共和国科学技术部．中国区域创新能力监测报告（2019）［M］．北京：科学技术文献出版社，2019．

［36］钟之阳，蔡三发．大学科技园创新生态系统融合发展模式研究：硅谷、筑波科学城和清华科技园之比较［J］．中国高等教育评论，2017，7（1）：29–42．

［37］朱东，杨春，张朝晖．科学与城的有机融合：怀柔科学城的规划探索与思考［J］．城市发展研究，2020，27（1）：4–11．

［38］朱海扬，姚景淳，丁崇泰．国家创新力减退了吗：基于全球创新指数的研究［J］．科技管理研究，2020，40（2）：11–21．

［39］邹丹，刘子康．斯坦福与硅谷共生双赢的模式探析［J］．科技创业月刊，2019，32（9）：20–22．